全国职业培训推荐教材
人力资源和社会保障部教材办公室评审通过
适合于职业技能短期培训使用

文字录入与处理

（第二版）

中国劳动社会保障出版社

图书在版编目（CIP）数据

文字录入与处理/何大勇主编. —2版. —北京：中国劳动社会保障出版社，2011

职业技能短期培训教材

ISBN 978-7-5045-8822-7

Ⅰ.①文… Ⅱ.①何… Ⅲ.①文字处理-技术培训-教材 Ⅳ.①TP391.1

中国版本图书馆 CIP 数据核字（2011）第 010298 号

中国劳动社会保障出版社出版发行

（北京市惠新东街1号 邮政编码：100029）

出 版 人：张梦欣

*

郑州市运通印刷有限公司印刷装订 新华书店经销
850 毫米×1168 毫米 32 开本 5.875 印张 144 千字
2011 年 1 月第 2 版 2020 年 9 月第 12 次印刷

定价：11.00 元

读者服务部电话：(010) 64929211/64921644/84626437

营销部电话：(010) 64961894

出版社网址：http://www.class.com.cn

版权专有 侵权必究

如有印装差错，请与本社联系调换：(010) 81211666

我社将与版权执法机关配合，大力打击盗印、销售和使用盗版图书活动，敬请广大读者协助举报，经查实将给予举报者奖励。

举报电话：(010) 64954652

前言

职业技能培训是提高劳动者知识与技能水平、增强劳动者就业能力的有效措施。职业技能短期培训,能够在短期内使受培训者掌握一门技能,达到上岗要求,顺利实现就业。

为了适应开展职业技能短期培训的需要,促进短期培训向规范化发展,提高培训质量,中国劳动社会保障出版社组织编写了职业技能短期培训系列教材,涉及二产和三产百余种职业(工种)。在组织编写教材的过程中,以相应职业(工种)的国家职业标准和岗位要求为依据,并力求使教材具有以下特点:

短。教材适合15~30天的短期培训,在较短的时间内,让受培训者掌握一种技能,从而实现就业。

薄。教材厚度薄,字数一般在10万字左右。教材中只讲述必要的知识和技能,不详细介绍有关的理论,避免多而全,强调有用和实用,从而将最有效的技能传授给受培训者。

易。内容通俗,图文并茂,容易学习和掌握。教材以技能操作和技能培养为主线,用图文相结合的方式,通过实例,一步步地介绍各项操作技能,便于学习、理解和对照操作。

这套教材适合于各级各类职业学校、职业培训机构在开展职业技能短期培训时使用。欢迎职业学校、培训机构和读者对教材中存在的不足之处提出宝贵意见和建议。

人力资源和社会保障部教材办公室

简介

本书是文字录入与处理人员职业技能短期培训教材，介绍了计算机文字录入与处理人员必备的基础知识和基本技能。本书的主要内容包括：计算机基础知识、Windows 操作系统的使用、英文录入、汉字输入法、Word 文字处理软件的使用。

本书在编写过程中，力求做到文字简练、图文并茂、通俗易懂，便于读者学习和掌握计算机文字录入与处理的基础知识和基本技能。

本书适合于职业技能短期培训使用。通过培训，初学者或具有一定基础的人员可以达到从事文字录入与处理岗位的技能要求。本书还可供计算机初学者参考。

本书由何大勇主编，王冰平、余珮、周小海、郑为忠、陈晓燕参与编写。

目录

第1单元 计算机基础知识 …………………………… (1)

模块一　计算机及其应用 …………………………… (1)
模块二　计算机系统的组成 ………………………… (5)
模块三　安全使用计算机 …………………………… (17)
练习题 ………………………………………………… (21)

第2单元 Windows 操作系统的使用 ………………… (22)

模块一　认识 Windows XP 的桌面 ………………… (22)
模块二　Windows XP 的基本操作 ………………… (26)
模块三　使用"开始"菜单 ………………………… (32)
模块四　计算机资源管理 …………………………… (35)
模块五　系统设置 …………………………………… (47)
练习题 ………………………………………………… (50)

第3单元 英文录入 …………………………………… (54)

模块一　键盘键位及其功能 ………………………… (54)
模块二　键盘操作 …………………………………… (57)
模块三　指法训练 …………………………………… (62)
练习题 ………………………………………………… (78)

第4单元 汉字输入法 ………………………………… (84)

模块一　汉字的输入 ………………………………… (84)
模块二　五笔字型中汉字的结构 …………………… (88)

模块三	五笔字型的字根键盘	（93）
模块四	汉字的拆分	（97）
模块五	五笔字型的汉字编码	（100）
模块六	简码、重码和容错码	（107）
模块七	词语的输入	（111）
练习题		（114）

第5单元　Word文字处理软件的使用……………（124）

模块一	认识Word 2002	（124）
模块二	创建和打开文档	（127）
模块三	文本编辑	（137）
模块四	格式设置	（144）
模块五	页面版式设计	（150）
模块六	图形操作	（156）
模块七	插入对象	（160）
模块八	表格制作	（164）
模块九	文档的预览和打印	（175）
练习题		（178）

第1单元 计算机基础知识

模块一 计算机及其应用

学习目标:
1. 了解计算机的发展
2. 了解计算机的分类
3. 掌握计算机的主要应用领域

人们通常所说的计算机是指电子数字计算机。电子数字计算机是一种能自动、精确、快速地对各种信息进行存储、处理和传输的电子设备,它是20世纪重大科技发明之一。电子数字计算机以数字化形式处理信息,具有运算速度快、计算精度高、记忆能力强等特点,且具有逻辑判断能力,并可通过程序实现信息处理的高度自动化。目前,它已经应用于社会的各个领域,推动了信息社会的到来。

一、电子计算机的发展

1946年,美国宾夕法尼亚大学成功研制了世界上第一台电子数字计算机,它的名字叫 ENIAC,它由18 000个电子管和1 500个继电器组成,耗电150 kW,质量是30 t,占地170 m^2,每秒钟能完成5 000次运算。尽管其体积大、耗电多、性能差、速度慢,但它标志着人类从此进入了电子计算机时代,具有划时代的意义。

从第一台计算机诞生到现在,计算机技术的发展经历了大型机、微型机和网络三个阶段。根据计算机所采用的电子元件,通常可将其划分为电子管、晶体管、集成电路和大规模集成电路四代。

第一代计算机（1946—1958年）以电子管为逻辑开关元件，内存采用磁鼓，外存采用磁带、纸带、卡片等；运算速度为每秒几千至几万次；主要使用机器语言。它体积大、速度慢、存储容量小、可靠性差、不易掌握，主要用于军事和科学研究领域的数值计算。

第二代计算机（1958—1964年）以半导体晶体管为逻辑开关元件，内存使用磁芯，外存采用磁带和磁盘；运算速度达每秒几万至几十万次；开始使用系统软件和高级语言；使用范围也从数值计算扩展到数据处理。

第三代计算机（1965—1971年）采用小规模集成电路作为逻辑开关元件，内存使用半导体存储器，外存仍以磁盘为主；体积小、速度快，运算速度达到每秒几千万次；使用操作系统和结构化的程序设计语言。它应用于科学计算、数据处理、过程控制等领域。

第四代计算机（1971年至今）使用大规模和超大规模集成电路为逻辑开关元件，内存采用半导体存储器，外存采用磁盘、光盘；运算速度达到每秒几百万至千万亿次；体积、重量、成本大幅降低；所使用的操作系统、程序设计语言和数据库管理系统也进一步发展。它的应用遍及社会各个领域。

二、计算机的分类

计算机分类的方法比较多。根据计算机的规模以及各项综合指标，可把计算机划分为个人计算机、工作站、小型机、小巨型机和巨型机。

1. 个人计算机

个人计算机又称微机或PC机，目前已经应用于社会的各个领域并进入家庭。它的特点是体积小、功耗低、价格便宜并易于使用。

2. 工作站

工作站是介于 PC 机和小型机之间的一种高档微机。工作站通常配有高分辨率的大屏幕显示器和大容量的内、外存储器，具有较强的数据处理能力和高性能的图形功能。

3. 小型机

小型机的特点是结构简单、成本低，适用于中小用户，主要用于过程控制、数据监控、数据通信和计算机辅助设计等领域。

4. 小巨型机

小巨型机是计算机家族中最年轻的成员。发展小巨型机主要是为了在力求保持或略微降低巨型机性能的前提下，较大幅度地降低巨型机的价格。

5. 巨型机

巨型机又称为超级计算机。它是计算机中价格最贵、功能最强的一类。在现代科学技术领域，尤其是在国防尖端技术中，往往要求计算机既具有极高的速度，又具有极大的存储容量，于是巨型机应运而生。我国银河系列机就属于这类计算机。巨型机主要被应用于战略武器设计、空间技术、天气预报等领域。

注意：

本书介绍的计算机应用，都是基于个人计算机的。个人计算机普及率高，使用方便，已经成为人们工作和生活必不可少的工具。

三、计算机的主要应用

计算机具有处理速度快、存储容量大、运行全自动、可靠性高等优点，目前已广泛应用于科学研究、国防、商业、教育、办公事务以及日常生活的各个领域。信息时代，人们从事各项活动都离不开计算机系统的支持。电子计算机在各个领域的应用可概括为以下几个方面。

1. 数值计算

电子计算机最突出的特点是高速度和高精度，因而它最适用于科学计算。计算机每秒千万亿次的运算速度比人脑快数以亿倍，使过去一些不可能实现的运算得以实现。科学研究、航空航天、天气预报、石油勘探、军事领域等都需要使用计算机进行数值计算。

2．数据处理

数据处理是指计算机对数据进行采集、分类、排序、计算、统计、制表、存储和传输等方面的加工操作。当今大多数计算机主要不是用于数值计算，而是用于数据处理。例如：计算机应用于企事业的人事管理、工资管理、文件管理、资料管理、人口信息管理等。

3．过程控制

计算机加上感应检测设备及模/数转换器，就构成了自动控制系统。它通过检测设备实时地测量某物理量，经模/数转换后送入计算机。计算机根据预置的程序对数据进行分析，并采取相应的控制操作，从而实现由计算机控制的自动化以及实时的过程控制。

4．辅助系统

利用计算机软件作为辅助工具的计算机系统叫做辅助系统。它包括计算机辅助设计（CAD）、计算机辅助制造（CAM）、计算机辅助教学（CAI）等。

5．办公自动化

办公自动化是计算机、通信、文秘、行政等多学科技术在办公方面的应用，是以计算机为主体对数据进行收集、分类、整理、加工、存储和传输。它开创了数字和网络时代办公的全新概念。

6．娱乐

多媒体技术在计算机中的应用，使得计算机成为娱乐设备。用户可以使用计算机播放音乐 CD、MP3 音乐，观看视频、动画、电影等。

7. 实时通信

随着网络应用的普及，计算机接入因特网后，又成为通信的重要手段。通过电子邮件、实时交流软件，人们可以快捷地与异地的计算机用户进行信息交流。

注意：

计算机已经由科学殿堂走进了普通人的办公室和家庭。计算机越来越普及，其应用也将越来越广泛，并深刻地影响着人们的生活、工作和学习。

模块二　计算机系统的组成

学习目标：
1. 了解计算机的硬件组成
2. 了解计算机系统中常用的软件
3. 了解计算机的主要技术指标

目前，社会各领域使用最广泛的是微型计算机。微型计算机除了具有一般计算机的普遍特性外，还具有体积小、重量轻、功率小、对环境要求不高、可靠性好、价格低廉、易于成批生产等特点，因此很快崛起于计算机领域。微型计算机的出现，大大推动了计算机的应用和普及。微型计算机系统由硬件系统和软件系统两个部分组成。计算机系统的总体结构如图 1—1 所示。

硬件是指构成计算机的各种可见实体，如键盘、机箱、显示器、鼠标等。软件是指安装在计算机中的程序文件和数据文件，如操作系统 Windows XP、办公软件 Office XP 以及数据库管理系统等。要使计算机正常工作，硬件和软件缺一不可。如果没有硬件，软件将失去运行的基础；如果没有软件，计算机硬件也发挥不了作用。

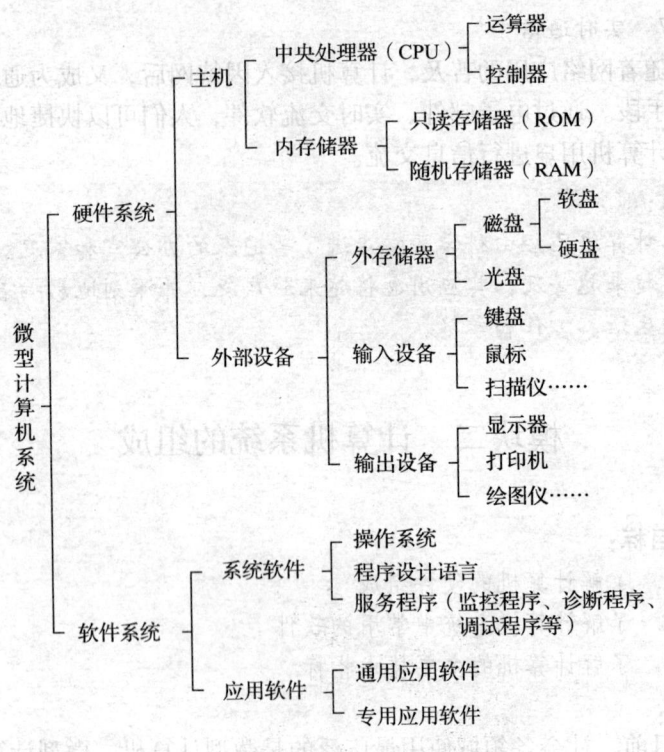

图 1—1 计算机系统组成示意图

一、硬件

计算机硬件的基本配置有主机、显示器、键盘、鼠标等（见图1—2）。

主机主要由机箱、电源、主板、微处理器、内存、显示卡、声卡、调制解调器、硬盘、光盘驱动器、软盘驱动器等设备组成。主机的基本配置见图1—3。

1. 机箱

机箱有卧式和立式两种。计算机的中央处理器、内存、硬盘、软盘驱动器、光盘驱动器以及声卡、显示卡都装在机箱中。机箱面板上有电源开关与指示灯，用于开机和显示计算机的工作状态。

图1—2　计算机硬件的基本配置

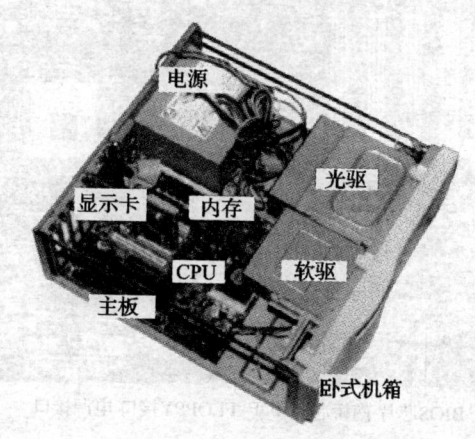

图1—3　主机的基本配置

2．电源

电源输出直流电，供主板、硬盘、光驱、软驱、CPU风扇等部件使用。现在的计算机多数用ATX电源，ATX电源支持远程开机、关机，以及自动开关机等功能。

3．主板

主板也叫母板或系统板。主板是安装在主机机箱内的一块长方形电路板,上面有控制芯片组、BIOS芯片、各种输入输出接口、键盘和面板控制开关接口、指示灯插接件、扩充插槽及直流电源供电插接件等元件(见图1—4)。CPU、内存条插接在主板的相应插槽中,驱动器、电源等硬件连接在主板上。主板上的扩充插槽用于插接各种接口卡,这些接口卡扩展了计算机的功能。主板的类型和档次决定着计算机硬件系统的类型和档次,主板的性能影响着整个计算机系统的性能。

图1—4 主板的结构

4. 中央处理器

中央处理器也叫微处理器(见图1—5),英文名称为 Central Processing Unit,简写为 CPU。CPU 主要由运算器和控制器组成,用于数据的处理和控制。目前市场上的 CPU 主要为 Intel 和 AMD 这两家公司的产品,现在的 CPU 时钟频率已超过 3 GHz。

图1—5 CPU

注意：

现在的个人计算机，有的已经安装两个CPU，称之为双核计算机；有的安装4个CPU，称之为四核计算机；还有的计算机安装多个CPU，称之为多核计算机。

5. 内存条

内存条简称内存（见图1—6），是存储器的一种。它是用于暂时存放当前处理的数据和正在运行的程序的半导体芯片。

内存条上的缺口

内存条上的缺口

图1—6 SDRAM-DIMM接口和DDR-DIMM接口内存条

6. 显示卡适配器

显示卡适配器简称显卡（见图1—7），是连接主板与显示器的接口卡。它的作用是将主机的输出信息转换成字符、图形等信息并传送到显示器上显示。

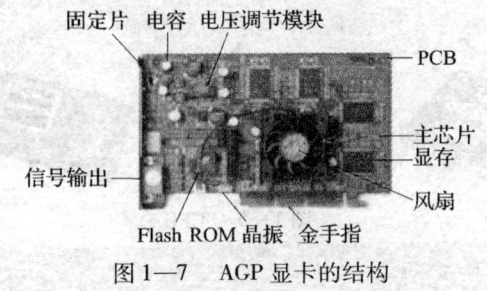

图 1—7　AGP 显卡的结构

7. 声卡

声卡是计算机用来处理声音信息的接口卡（见图 1—8）。声卡可以把从声音输入设备输入的声音模拟信号转换成数字信号传给计算机处理，还可以把数字信号还原成模拟信号输出。

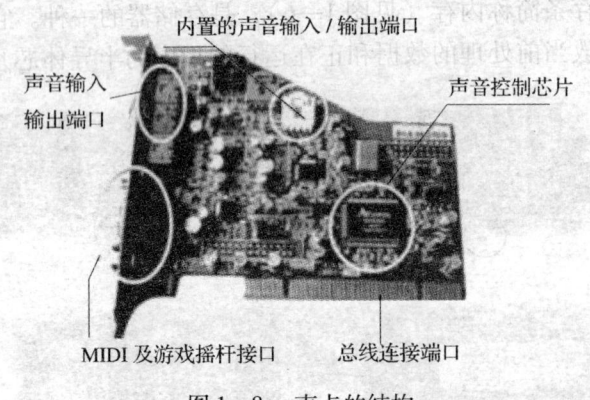

图 1—8　声卡的结构

8. 硬盘驱动器

硬盘驱动器简称硬盘（见图 1—9），主要用于存放计算机操作系统、各种应用软件和数据文件，其存储容量是目前所有存储器中最大的。

9. 光盘驱动器

光盘驱动器简称光驱（见图 1—10）。目前主要有两种。一种是 Compact Disk Driver（致密盘驱动器，简称 CD Driver），它所使用的存储介质为普通 CD；另外一种是 Digital Video Disk Driver（数字视频盘驱动器，简称 DVD Driver），它所使用的存储介质为 DVD。

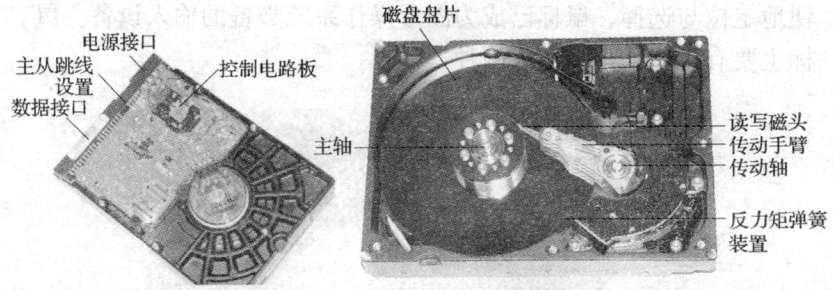

图 1—9　硬盘背面及内部结构

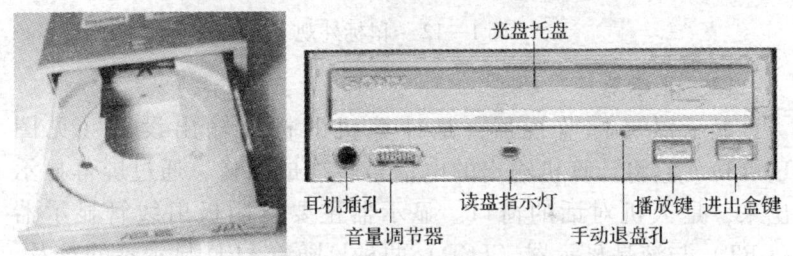

图 1—10　光盘驱动器及面板

10. 键盘

键盘是计算机的基本输入设备（见图 1—11），通过电缆与计算机主板相连接。它将用户输入的信息转换为电磁信号输入计算机，用户要处理的各种信息或命令可通过键盘输入计算机。

图 1—11　普通键盘和人体工学键盘

11. 鼠标

鼠标是计算机的基本输入设备（见图1—12），它通过电缆与计算机主板相连接。由于通过鼠标的移动，光标能在屏幕上方便地定位与选择，鼠标已成为图形操作系统必备的输入设备。鼠标主要有机械式与光电式两种。

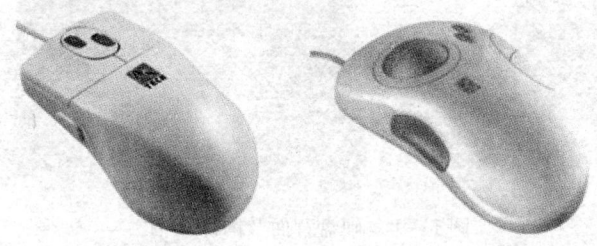

图1—12　鼠标外观

12. 显示器

显示器又称监视器，是计算机的标准输出设备（见图1—13）。它将计算机输出的电信号转换成图像，通过屏幕显示出来，是人机对话的窗口。显示器主要有阴极射线管显示器（CRT）与液晶显示器（LCD）两种。随着LCD显示器的普及，传统的CRT显示器已经越来越少了。

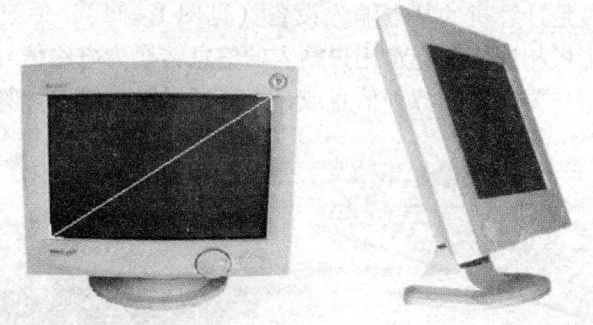

图1—13　阴极射线管显示器（CRT）与液晶显示器（LCD）

注意:

现在计算机已经不再配置软盘驱动器，而是采用USB接口的移动存储器（见图1—14）。只有老式的计算机，才配置有3.5英寸软盘驱动器和软盘（见图1—15）。

图1—14　主机上的USB接口以及移动存储器优盘

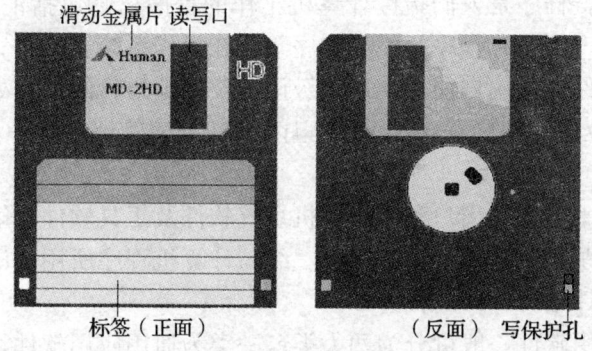

图1—15　3.5英寸1.44 MB 软盘

二、软件

软件是计算机系统的重要组成部分，所有的计算机都必须有相应的软件支持才能正常工作。软件分为系统软件和应用软件。

1. 系统软件

系统软件是管理、监控和维护计算机资源的软件，它具有通用性和支持性。系统软件包含有操作系统和语言程序等。

系统软件中最重要的是操作系统（Operating System）。操作系统是一批系统程序的集合，它的主要作用是对计算机的硬件、软件资源进行全面的控制和管理，为用户创造方便、有效和可靠的工作环境，它是用户与计算机之间联系的平台。操作系统主要任务有：统一管理计算机中各种软、硬件资源，合理组织计算机的工作流程，协调计算机各部件之间、系统与用户之间、用户与用户之间的工作等。计算机的操作系统目前主要有 DOS、Windows、Unix、Linux 等。

注意：

　　Windows 操作系统是个人计算机中最成功的操作系统，也是目前应用最广泛的操作系统。它已经有很多版本，目前应用最多的是 Windows XP 版本。

　　语言程序是人们指挥计算机工作的程序。它包括汇编语言、高级语言的解释程序和编译程序等。在操作系统支持下，有许多实用软件可供用户使用，如高级语言及汇编语言的语言处理程序（编译程序、解释程序和汇编程序）、数据库管理系统等。

2．应用软件

　　应用软件是用户利用计算机系统软件及工具软件为解决各种实际问题所编写的程序的总称。编写计算机程序所用的语言就是程序设计语言，即语言程序。

　　应用软件一般可分为两大类：一类为通用应用软件，如文字处理软件（如 Word 和 WPS）、电子表格处理软件（如 Excel）、游戏软件等。另一类为专门应用软件，是用户为了某一具体目的而开发的应用软件，只供用户特殊的需要使用，如财务管理软件、档案管理软件、商业管理软件等。

注意：

　　当前使用最广泛的办公软件是 Office 办公软件，它包括多个组件，其中有文字处理软件 Word，电子表格软件 Excel。Word 和 Excel 是当前办公事务中应用最多的软件。

三、微型计算机的主要技术指标

当选购或使用计算机时，首先要通过计算机的技术指标来了解计算机的性能。计算机的技术指标有很多，衡量计算机的性能不应单看某一个指标，而要全面地综合衡量。衡量一台微型计算机好坏的主要技术指标如下。

1. 字长

在计算机中作为一个整体被传送和运算的一串二进制数码称为字（Word）。字所包含的二进制数称为字长。早期的微机有 8 位机、16 位机和 32 位机，分别指它们的微处理器 CPU 字长是 8 位、16 位、32 位。目前的微机字长大多为 64 位，有的已经达到 128 位。

2. 速度

衡量计算机速度的指标主要有三个：主频、运算速度、存储速度。

主频指计算机的时钟频率，它在很大程度上决定了计算机的运算速度。8088 的主频为 4.77 MHz，80386 为 16 MHz，80486 为 25/33 MHz，Pentium 为 200 MHz。一台微机的主频参数通常跟计算机的型号标在一起。目前的 CPU 主频已经超越了 2.5 GHz。

运算速度指计算机每秒钟执行的指令数，单位有 MIPS（每秒百万条指令）和 MFlOPS（每秒百万条浮点指令）。运算速度不仅与 CPU 的主频有关，也受系统前端总线工作频率即"外频"的影响。

存储速度是指存储器完成读（取）或写（存）操作所需要的单位时间。

3. 内存容量

内存容量是指微型计算机所能存储信息的字节数。内存容量越大，能存储的信息就越多，运行的软件功能就越丰富，信息处理能力就越强。目前主流微机的内存容量一般都在 1 GB 以上。由于内存的价格不断下降，计算机配置 4 GB 甚至更高内存的也很常见。

4. 外存容量

外存容量是指外存储器所能容纳的容量。微型计算机外存容量一般指软盘、硬盘、光盘、移动存储器（优盘、移动硬盘）所能容纳的信息量。容量的单位是兆字节（MB）或吉字节（GB）。

注意：

> 外存储器发展很快，目前的硬盘容量已经达到数百吉字节。移动存储器，如优盘、移动硬盘等，已经取代了传统的软盘。优盘存储容量大（数吉字节，甚至数十吉字节），便于携带。

5. 可靠性

可靠性是指在给定的时间内，计算机系统能正常运转的概率。通常用平均无故障时间 MTBF（Mean Time Between Failures）表示，指系统能正常工作的平均时间。MTBF 越长，系统的可靠性越高。不正常运转的直接表现就是"死机"和"非法操作"等现象。

除以上主要技术指标外，还有系统的兼容性、可维护性、外围设备配置情况等方面。

注意：

> 台式计算机由于不便于携带，占用空间大，目前已经逐渐为笔记本电脑所取代。笔记本电脑轻巧便携（见图1—16），适合了移动办公的需要。

图1—16　笔记本电脑

模块三　安全使用计算机

学习目标：
1. 了解计算机使用的注意事项
2. 了解计算机病毒的危害性
3. 养成良好的计算机操作习惯，避免病毒的危害

为了保证计算机系统的正常运行，充分发挥计算机的功能，延长其使用寿命，一定要掌握安全使用计算机的知识。

一、计算机使用的注意事项

有些用户在使用计算机时，往往因做法不得当，造成数据丢失、硬盘损坏等事故。其实，在平时使用计算机时养成良好的习惯，这些问题是可以避免的。

1. 开关机顺序要正确。开机顺序是：先开外围设备（显示器、打印机等），再开主机；关机顺序是：先关主机，再关外围设备。只有这样，主机才不会因开关机时的电压波动而损坏。

2. 开机加电后，各种设备不可随意搬动，尤其不要带电插拔各种电缆线，更不能随意打开主机箱或带电插拔板卡，否则容易烧坏接口卡。这些工作必须在所有设备断电的情况下进行。

3. 当硬盘驱动器读写灯亮时不可以关掉电源，否则容易划伤硬盘，甚至将硬盘报废。已破损的磁盘不能再放在驱动器中使用，以免损坏驱动器的读写头。

4. 不宜频繁开关计算机。因为电子元器件在通电时温度升高，断电时温度下降，经常冷热变化会使计算机的元器件提前老化。

5. 计算机不宜靠近强磁场，例如磁铁、大功率音箱、电扇等。因为计算机显示器在磁场作用下会产生图像变形，如果长时

间受其影响，显示器图像将会形成永久性扭曲。另外，计算机不宜靠近火炉、暖气等热源，以防机器温度太高。

6. 销售厂家一般都已做好了计算机硬盘的初始化、分区及格式化，用户应尽量少做或不做这些操作。

7. 硬盘中往往存有用户常用及非常重要的程序和数据，所以要养成定期备份的好习惯，即使硬盘出现故障，也不会造成太大的损失。

8. 不宜使用外来软件。若必须使用，则需在使用前用杀毒软件检查，以确保无毒。

二、防治计算机病毒

计算机病毒是一种人为设计的程序，具有自我复制能力，通过入侵而隐藏在可执行程序和数据文件中，影响和破坏正常程序的执行，威胁数据安全，具有相当大的破坏性。病毒一旦进入计算机，就会快速地扩散，具有很强的传染性。传染性是计算机病毒最根本的特征，也是病毒与正常程序的本质区别。目前世界各国纷纷将制造计算机病毒列入计算机犯罪的范畴，并制定相关法律进行制裁。公安部网络安全保卫局是我国对计算机网络进行安全管理的最高行政管理机关，在计算机安全防范方面做了许多工作。

计算机病毒也有良性和恶性之分。一些危害较轻的计算机病毒属于恶作剧性质，例如，使计算机突然发出鸣叫或是奏起乐曲，或者在屏幕上下起字符雨等。它们使计算机出现一些暂时的故障，不能正常工作，这些病毒称为"良性"病毒。

"恶性"病毒所带来的危害往往是难以估量的。它可能毁坏计算机中存储的数据和文件，也可能使计算机无法启动，致使整个系统瘫痪。

1. 计算机病毒的特点

（1）传染性。计算机病毒具有很强的再生机制，可以迅速地在内存、软盘、硬盘之间传染，也可能传到计算机网络中去。

（2）隐蔽性。计算机病毒依附在载体上，在发作以前不易被发现。一旦发现，可能系统各方面都已经受到感染。

（3）潜伏性。一个编制巧妙的计算机病毒程序，可以在几周或几个月内进行传播和再生而不被发现。

（4）触发性。计算机病毒一般都安排在计算机系统时钟满足某一特定时刻才发作，例如"13日星期五病毒"只在计算机系统的系统时钟同时满足"13日"和"星期五"这两个条件时，病毒才开始其破坏活动。

（5）破坏性。计算机病毒程序一般都会给计算机系统造成或轻或重的损害，主要体现为占用系统资源、破坏数据、干扰运行和摧毁系统等。

2. 感染计算机病毒的一般征兆

（1）屏幕上出现异常画面或显示与程序无关的提示信息等。

（2）机器不能正常启动。加电后机器根本不能启动，或者可以启动，但所需要的时间比原来的启动时间长。有时会突然出现黑屏现象。

（3）运行速度降低。如果发现在运行某个程序时，读取数据的时间比原来长，存文件或调文件的时间都增加了，就可能是由于病毒造成的。

（4）内存空间迅速变小。由于病毒程序要进驻内存，而且又能繁殖，因此使内存空间变小。

（5）文件内容和长度有所改变。一个文件存入磁盘后，本来它的长度和其内容都不会改变，可是由于病毒的干扰，文件长度可能改变，文件内容也可能出现乱码。

（6）经常出现"死机"现象。正常的操作是不会造成死机现象的，如果机器经常死机，那可能是由于系统被病毒感染了。

（7）外部设备工作异常。因为外部设备受系统的控制，如果机器中有病毒，外部设备在工作时可能会出现一些异常情况。

（8）喇叭突然出现莫名其妙的声音或乐曲。

3. 计算机病毒的预防

对计算机病毒的预防主要包括以下 4 个方面：

（1）法律制度。明确制造计算机病毒是违法行为，对制造计算机病毒者实施法律制裁。

（2）加强对计算机系统的管理。建立计算机使用管理制度，规定使用权限，定期检查、清除病毒。有针对性地预报可能发作的病毒。

（3）加强宣传、教育。使用户了解计算机病毒的常识和危害，尊重知识产权，不随意复制、使用非法软件。

（4）文件备份。要经常对重要的文件和数据进行备份处理。

注意：

在使用计算机时，要养成良好的操作习惯，减少病毒带来的损失。

（1）避免在无防毒软件的机器上，使用移动磁盘或移动存储设备。

（2）不轻易下载不明站点的软件，以免感染病毒。

（3）不轻易打开不明的电子邮件及其附件，减少感染几率。

（4）使用新软件时，先用查杀病毒程序检查，减少感染机会。

（5）准备具有查毒、防毒、解毒功能的软件或防病毒卡等，有助于防止计算机感染病毒。

4. 计算机病毒的应对措施

万一计算机感染了病毒，应采取以下一些措施：

（1）停止使用计算机，用干净启动盘重新启动计算机，将所有资料备份。

（2）用正版杀毒软件进行杀毒，最好能将杀毒软件升级到最新版本。

（3）如果一个杀毒软件不能杀除，可到网上找一些专业性的杀病毒网站下载最新的杀病毒软件,进行查杀。

(4)如果多个杀毒软件均不能杀除,可将此病毒发作情况发布到网上求援,或向专业性的网站或杀毒软件公司求助。

练 习 题

一、填空题

1. 世界上第一台电子计算机是_____年制造的,它的名字叫_____。
2. 若以电子元件来划分电子计算机的年代,第一代电子计算机使用的是_____;第二代电子计算机使用的是_____;第三代电子计算机使用的是_____;第四代电子计算机使用的是_____。
3. 一个完整的电子计算机系统,应包含_____系统和_____系统。
4. CPU的中文意思_____,它主要由_____和_____组成。
5. 计算机软件一般分为_____软件和_____软件两大类。

二、简答题

1. 计算机的应用领域主要有哪些?
2. 电子计算机的硬件系统由哪几部分组成?
3. 计算机的外围设备有哪些?
4. 如何开关计算机?
5. 什么是计算机病毒?如何预防?

三、操作题

1. 拔掉计算机的电源,从外观上分析计算机硬件的组成。
2. 对照计算机感染病毒的一般征兆,检查自己的计算机在运行中是否有这些现象出现。

第 2 单元　Windows 操作系统的使用

模块一　认识 Windows XP 的桌面

学习目标：

1. 了解 Windows XP 桌面的组成
2. 认识桌面快捷图标
3. 掌握任务栏的作用

打开计算机的电源开关，Windows XP 将自行启动，在输入用户名和密码后，屏幕上出现的第一个界面是"桌面"，Windows XP 的所有操作都是从这里开始。桌面主要由"快捷图标"和"任务栏"组成（见图 2—1）。

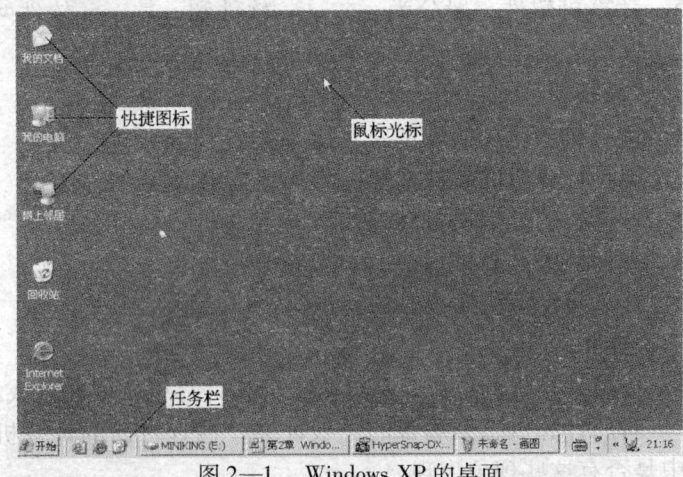

图 2—1　Windows XP 的桌面

一、快捷图标

图标是图形用户界面系统用于标识各类对象的图形符号。在 Windows XP 中，磁盘、光盘、打印机、文件夹、文件、应用程序等对象都可以用图标表示。

快捷图标不是应用程序的图标，它实际上是指向某应用程序的一种链接（指针）。桌面上的图标都是快捷图标。若将鼠标指向桌面上的快捷图标，并停留片刻，即显示该快捷图标的内容说明或文件存放路径。鼠标双击桌面上的快捷图标，即运行该应用程序，打开相应的窗口，这给用户操作带来极大方便。

Windows XP 的桌面非常简洁，桌面的背景是明亮的蓝色。默认情况下，桌面上显示以下快捷图标。

1. 我的电脑

"我的电脑"用于管理磁盘、光盘以及映射网络驱动器中的文件夹和文件等。利用其中的"控制面板"链接，可以设置和管理计算机系统中的各种设备。

"我的电脑"是用户访问计算机资源的一个入口。用鼠标左键双击"我的电脑"窗口中某驱动器的图标，则打开该驱动器的窗口，并显示该磁盘上存储的所有文件夹和文件。用户可以对文件夹或文件进行访问，或进行复制、移动、删除等操作。该窗口内各图标的使用方法将在以后的相关章节中介绍。

2. 我的文档

"我的文档"是一个默认的文件夹。用户在 Windows XP 中创建文件或文件夹，若不指定保存位置，系统将自动将其存放于该文件夹中。当然，用户也可以将所创建的文件存放到其他指定的文件夹中。

为了帮助用户有效地管理文档，在"我的文档"窗口中，设置了"我的音乐""我的视频""图片收藏""My Webs"等子文件夹。系统还会根据用户的使用情况动态地增加新的子文件夹，以方便用户按文件类型管理个人资料。

3. 回收站

"回收站"用于暂时保存已删除的内容。在 Windows XP 中，删除硬盘中的文件或文件夹时，实际上并没有把它们从磁盘上删除，而是暂时移到"回收站"文件夹中。需要时还可以恢复，不要时则予以清除，以增加硬盘的自由空间。从软盘或网络驱动器中删除的内容将不送入"回收站"，而永久地被删除。

4. 网上邻居

在"网上邻居"窗口中，显示网络中可以访问的计算机和共享资源，通过窗口左边的常用工具栏中的网络任务链接，用户可以实现"添加一个网上邻居""查看网络连接""设置家庭或小型办公网络""查看工作组计算机"等操作。

5. Internet Explorer

在 Windows XP 中内置了 Internet Explorer。它集成了搜索、收藏和访问历史记录等功能，并增强了安全性和稳定性。

注意：

在桌面上，除了"回收站"之外，其他快捷图标都可以删除。因为通过下面介绍的任务栏，都可以找到相应的功能，启动相应的应用程序。快捷图标删除后，还可以通过创建的方式创建桌面快捷图标。

二、任务栏

任务栏位于桌面的底部，可分为 5 个部分："开始"按钮、"快速启动"栏、"任务按钮"栏、通知区域、语言栏（见图 2—2）。

1. "开始"按钮

"开始"按钮位于任务栏的左端，单击该按钮，即打开"开始"菜单。几乎所有的 Windows 操作都可以从这里开始。

2. "快速启动"栏

"开始"按钮的右侧是"快速启动"栏，其中排列着 3 个默认的按钮，分别是"Windows Media Player""Internet Explorer"

和"显示桌面"按钮。

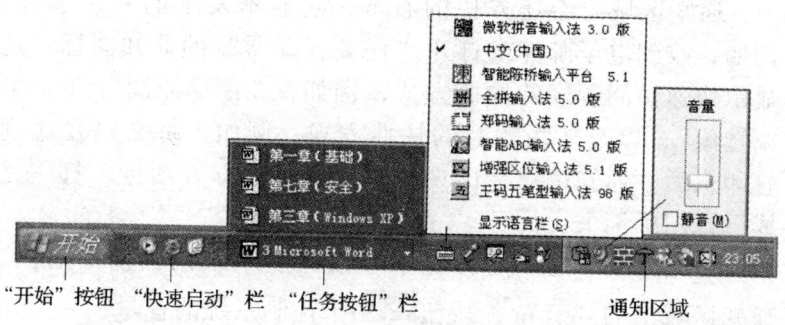

图 2—2　中文 Windows XP 任务栏

> **注意：**
> 用户可以添加或删除"快速启动"栏中的按钮。若要添加快速启动按钮，只要将桌面上或窗口中的快捷方式图标拖放到"快速启动"栏中。若要删除快速启动按钮，只要右击该按钮，在弹出的快捷菜单中选择"删除"命令，出现提示框后单击"是"按钮。

3. "任务按钮"栏

中文 Windows XP 是多任务的操作系统，可同时打开多个应用程序和文件。凡是已打开的程序皆以按钮形式显示于任务栏中部的"任务按钮"栏中。单击任务栏中某应用程序的任务按钮，按钮将凹下去，该程序便成为当前应用程序，即前台程序，前台程序的窗口将覆盖其他程序的窗口。所以，单击任务栏中的应用程序的任务按钮，可以方便地实现前、后台程序的切换。

在 Windows XP 中，新增了相似任务分组的功能。例如，用户使用 Word 同时打开了 3 个文档，系统将这 3 个 Word 文档的任务按钮归入 Word 任务按钮组。在 Word 任务按钮组的左端显示所含的任务按钮数，单击右端的下拉按钮，将弹出任务按钮列表（见图 2—2）。

4. 通知区域

通知区域位于任务栏的右端,它显示发生的一定事件。例如,收到电子邮件或打开"任务管理器"的通知图标;还显示快速访问程序的快捷方式,例如,"音量控制"和"电源选项";以及某些暂时的快捷方式,例如,将文档发送到打印机后,通知区域会出现打印机的快捷方式图标,打印完成后该图标消失。

通知区域中的"时钟显示"按钮显示系统当前的时间,通知区域中的"音量"按钮 用于控制系统的音量。

5. 语言栏

语言栏是一个浮动的工具栏,可以放置在屏幕的任意位置,系统默认显示于任务栏中。

单击语言栏中代表语言的按钮 EN 或代表键盘的按钮 ,弹出输入法列表(见图2—2)。选择其中的一种语言或键盘布局,就可以进行文字输入。

注意:

任务栏默认放置在桌面的下方。可以用鼠标拖动任务栏,将其放置在桌面的左方、右方或上方。在任务栏上点击鼠标右键,在弹出的快捷菜单中选择"锁定任务栏",则任务栏不能移动,或更改各部分的大小。

模块二　Windows XP 的基本操作

学习目标:

1. 掌握 Windows XP 中的鼠标操作
2. 了解 Windows XP 中窗口的组成
3. 掌握窗口的各种操作

一、鼠标操作

在 Windows 图形环境中，鼠标是最常用的输入设备。因此，用户首先要掌握鼠标操作的技能。鼠标有两种：左、右两键鼠标；左、中、右三键鼠标。Windows 仅使用鼠标的左、右两键。鼠标操作的常用术语如下。

1. 指向

移动鼠标，使鼠标指针停留在某对象上。一般用于激活对象或显示按钮的提示信息。

2. 单击

按下鼠标左键然后释放，一般用于选中对象。

3. 双击

连续两次快速按下鼠标左键然后释放，一般用于打开文件或文件夹等。

4. 拖放

选中操作对象后，按下鼠标左键不放并拖动鼠标，把对象拖到另一个位置上。该操作用于改变对象位置或大小。

5. 右击

按下鼠标右键然后释放。一般用于激活被选对象的快捷菜单或帮助提示。单击屏幕空白部分或按下 Esc 键则关闭快捷菜单。

注意：

在 Windows 中，由于大多数鼠标操作使用左键，因此把左键操作作为默认操作；若用右键操作，则另作说明。例如，单击鼠标，是指单击鼠标左键。

在鼠标操作过程中，不同的状态下鼠标指针呈现不同的形状。表 2—1 列出一些主要的鼠标指针形状及其意义。

二、窗口操作

在 Windows XP 中，每打开一个应用程序都会打开一个相应的窗口。窗口是用户与应用程序进行沟通的界面。Windows 系统的窗口组成基本相似，熟练掌握窗口操作，对进一步学习 Office

XP 及其他常用办公软件都有很大帮助。下面就以"我的电脑"窗口为例,介绍窗口的组成和操作方法(见图 2—3)。

表 2—1　　　　　　　鼠标指针形状及意义

形状	意义
↖	箭头,称为"移动标记",随鼠标在屏幕上移动
⧖	沙漏,称为"执行标记",表示正在执行程序,要等待
☝	手示,称为"指向标记",表示链接点位置
I	I 字,称为"编辑标记",作为文本编辑的插入点

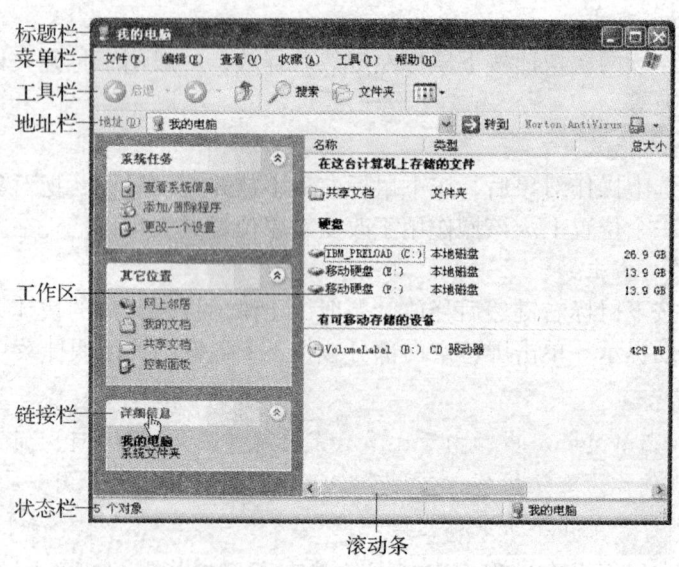

图 2—3　"我的电脑"窗口

1. 窗口的组成

(1)标题栏。标题栏位于窗口最上方。标题栏中有窗口的名称,标题栏的最右边有三个按钮,分别是最小化按钮▬、最大化按钮▢和关闭按钮✖。标题栏的左端是"控制菜单"图标,单击该图标或按组合键 Alt + 空格，即弹出下拉菜单，选择下拉菜单中的相应命令，可实现窗口的最大化、最小化、移动、还原和关闭等操作。双击"控制菜单"图标可关闭窗口。

（2）菜单栏。菜单栏位于标题栏的下方，它包含若干菜单，大多数应用程序窗口的菜单栏包含有"文件""编辑""工具""帮助"等菜单。单击某个菜单，即弹出该菜单的下拉菜单。下拉菜单中包含若干个命令，选择其中的某一个命令，即执行相应的操作。下拉菜单实际上是一组相关联命令的集合。

（3）工具栏。工具栏位于菜单栏的下方，工具栏中包含若干个按钮，这些按钮代表一些常用的菜单命令，如"剪切""复制""粘贴"等。将菜单中常用的命令以按钮的形式安排在工具栏中，使执行命令更加方便快捷。

注意：
　　Windows系统的窗口一般包含多个工具栏，通常情况下只显示默认的工具栏。工具栏可以显示或隐藏，一般使用"查看"菜单或"视图"菜单中的"工具栏"命令进行切换。

（4）地址栏。地址栏位于工具栏的下方。用户可以直接在地址栏中输入地址，或者单击地址栏右端的下拉按钮，在弹出的下拉列表中选择所需的地址，以便快速访问驱动器、文件夹或文件。

（5）状态栏。状态栏位于窗口的底部，用于显示当前操作的说明信息和对象的基本情况。

（6）工作区。工作区是窗口内部最大的区域，用于显示应用程序或文件所包含的内容。

（7）滚动条。当所显示的内容超过工作区的范围时，就会出现滚动条。滚动条位于窗口的右侧和底部。右侧的称为垂直滚动条，用于上下滚动窗口；底部的称为水平滚动条，用于左右滚动窗口。

（8）链接区。在 Windows XP 中，工作区的左侧新增了链接区，它以超级链接的方式为用户提供便捷的操作。

2. 窗口的操作

（1）打开窗口。用鼠标双击要打开窗口的图标，即可打开窗口。

（2）移动窗口。移动窗口即改变窗口的位置。将鼠标指针指向窗口的标题栏（活动窗口的标题栏一般为蓝色反白显示），按下鼠标左键并拖动，整个窗口也随着移动。注意，最大化的窗口无法移动。

（3）改变窗口的大小。

1）缩放窗口。窗口边框用于限定窗口的大小。将鼠标指向窗口四边框，待鼠标指针变成水平或垂直方向的双箭头时，按下鼠标左键并拖动，可改变窗口的宽度或高度。将鼠标指针指向窗口的四个角，待鼠标指针变成45°双向箭头时，按下鼠标左键并拖动，可以同时改变窗口的高度和宽度。

2）窗口的最小化。单击窗口右上角的"最小化"按钮，该窗口将缩小成任务图标显示于任务栏中。窗口缩小为任务图标后，该程序并未关闭，单击任务栏中的任务图标，该任务图标又展开为窗口。

3）窗口的最大化。单击窗口右上角的"最大化"按钮，该窗口将充满整个屏幕，同时"最大化"按钮变成了"还原"按钮。单击"还原"按钮，窗口又恢复到原来的大小，此时"还原"按钮又变成了"最大化"按钮。

注意：
双击窗口标题栏可使窗口在"最大化"与"还原"两种状态之间切换。

（4）前、后台窗口的切换。由于 Windows XP 是多任务的操作系统，可以同时打开多个程序或文件的窗口，前、后台程序在资源没有冲突的情况下可以同时运行，前台程序窗口也称为当前窗口或活动窗口。用户一般在当前窗口中进行操作。

> 注意：
> 前台窗口的标题栏以亮丽的蓝色为背景，字符以反白显示。后台窗口的标题栏暗淡显示。

切换前、后台窗口的常用方法有以下三种：

1）使用切换窗口。用鼠标单击要转为前台窗口的任一部分，即可激活后台窗口，将其转为前台活动窗口。

2）使用 Alt + Tab 切换窗口。有时，屏幕上有些窗口被其他窗口完全遮盖，用户看不到被遮盖的窗口。此时可以用Alt + Tab 键进行窗口切换。按组合键 Alt + Tab，弹出"切换任务"栏（见图2—4）。按住 Alt 键，再按 Tab 键，在"切换任务"栏中逐一选择窗口，然后松开两个键，所选的窗口即成为当前窗口。

图2—4 "切换任务"栏

3）使用 Alt + Esc 切换窗口。按住 Alt 键，再连续按 Esc 键，循环转换活动窗口，而不打开"切换任务"栏。

> 注意：
> 切换活动窗口的最佳操作方法是：用鼠标单击任务栏应用程序的任务图标，该窗口即成为活动窗口。

(5) 关闭窗口。关闭窗口的常用方法有以下几种：

1）单击窗口右上角的"关闭"按钮 ，即关闭该窗口。

2）双击标题栏左端的"控制菜单"图标，即关闭该窗口。

3）单击标题栏左端的"控制菜单"图标，然后选择其中的"关闭"命令，也能实现窗口的关闭，但不如使用"关闭"按钮来得方便。

4）按快捷键 Alt + F4，即关闭该窗口。

模块三 使用"开始"菜单

学习目标:
1. 掌握"开始"菜单的使用方法
2. 掌握通过"开始"菜单启动应用程序的方法

Windows XP 的"开始"菜单是用户使用和管理计算机的入口。中文 Windows XP 的主要操作几乎都可以从这里开始。因此熟悉"开始"菜单是操作和使用中文 Windows XP 的基础。

一、打开"开始"菜单

打开"开始"菜单有 3 种方法:鼠标单击任务栏中的"开始"按钮;或者直接按键盘上有视窗图标的"开始菜单"键；或者按组合键 Ctrl + Esc,都会弹出"开始"菜单(见图 2—5)。

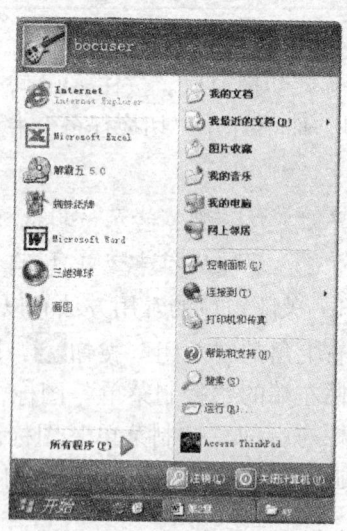

图 2—5 "开始"菜单

二、启动应用程序

在中文 Windows XP 中,启动应用程序的方法很多。例如,双击桌面上应用程序的快捷图标,或单击任务栏中的快速启动按钮等。最常用的方法是从"开始"菜单中启动应用程序。例如,要打开媒体播放器,具体操作步骤如下。

1. 单击"开始"按钮,弹出"开始"菜单。
2. 鼠标指向"所有程序"/"附件"/"娱乐"/"Windows Media Player",依次弹出级联菜单(见图2—6)。

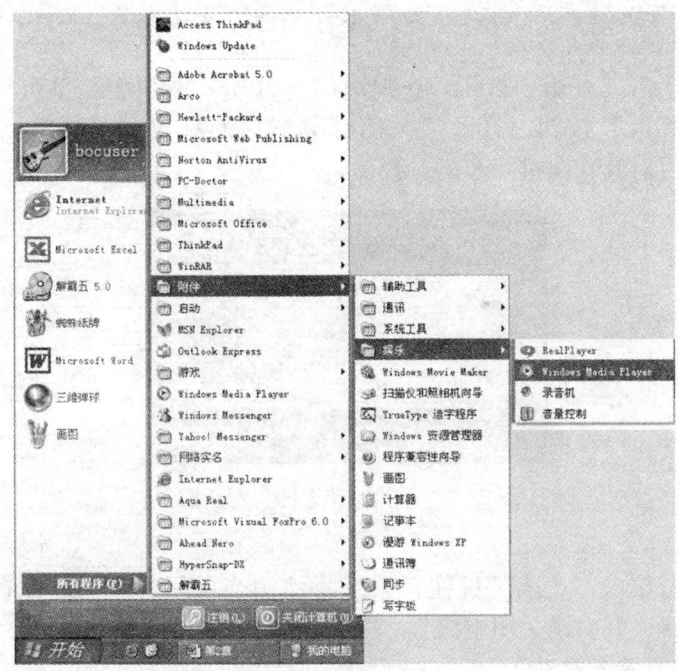

图2—6 "所有程序"级联菜单

3. 单击"Windows Media Player"命令,将打开"Windows Media Player"播放器。

三、关机

Windows XP 是一个多任务的操作系统，常常是前台在运行某个应用程序，同时后台也在运行其他应用程序。如果突然关闭电源，那么这些程序的运行结果将可能丢失。

> **注意：**
> Windows XP 在运行时，会将所产生的临时文件存放在硬盘中。若正常退出 Windows XP，这些临时信息将会自动删除；若突然关机，这些临时文件将驻留硬盘，而造成硬盘空间的浪费。因此，在结束工作时，要按正确的方法退出 Windows XP。

单击"开始"按钮，在弹出的"开始"菜单中，单击"关闭计算机"按钮，打开"关闭计算机"对话框（见图2—7）。用户再对其作出进一步的选择。

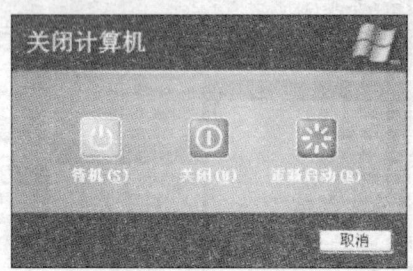

图2—7 "关闭计算机"对话框

1. 关闭

若单击"关闭"按钮，系统将注销当前用户账户，保存环境设置，并自动关闭电源。

2. 重新启动

若单击"重新启动"按钮，则关闭当前所有的程序，重新启动计算机系统。

3. 待机

若单击"待机"按钮，系统将保持当前的运行状态，计算机转入低功耗休眠状态。当用户再次使用计算机时，只要在桌面上移动鼠标即恢复到原来状态。

模块四　计算机资源管理

学习目标：
1. 了解文件夹的概念
2. 掌握"资源管理器"的使用方法
3. 掌握文件及文件夹的基本操作

Windows XP 管理计算机系统资源的主要工具有"我的电脑""我的文档""资源管理器""回收站"等。本节主要介绍文件和文件夹的基本概念，资源管理器、文件和文件夹的常用操作。

一、文件、文件夹管理

1. 文件和文件夹的基本概念

（1）文件。文件指存储在计算机的存储介质中的数字、文字、图形、图像、声音等数据的集合。文件名是文件的标识。文件名通常由两部分组成，即主文件名和扩展名，两者间用圆点"."分隔。文件名的一般格式为：主文件名.扩展名。Windows XP 支持长文件名和多间隔符。

根据文件所包含的信息的类型对文件进行分类，可以将文件分为多种类型，同一类型的文件往往用一个特定的扩展名标识。

> **注意：**
> Windows XP 的文件类型很多，常用文件类型有程序文件（常用扩展名有 EXE 和 COM）、支持文件（常用扩展名有 OVL、SYS、DLL 等）、文本文件（常用扩展名有 TXT、HLP 等）、图像文件（常用扩展名有 BMP、GIF、JPG 等）、多媒体文件（常用扩展名有 WAV、MID、AVI 等）。

(2) 文件夹。文件夹是存放一组文件的"容器",是文件目录概念的延伸。一般情况下可以把目录和文件夹概念等同,但是文件夹并不仅仅代表目录,还可以代表驱动器、打印机及其他设备,甚至网络计算机也可以视为文件夹。文件夹可存放文件及子文件夹,Windows XP 以文件夹的形式组织和管理文件。

> **注意:**
> Windows XP 将整个计算机系统视为一个文件夹,称为桌面文件夹。桌面文件夹与根目录概念相似,计算机系统的所有设备和文件夹都是桌面文件夹的子文件夹。

2. 资源管理器

"资源管理器"是中文 Windows XP 系统最重要的应用程序,是一个与"我的电脑"功能相同的文件夹和文件管理工具,但是"资源管理器"的工作区分为左右两个窗格,左窗格为目录树窗格,右窗格为文件夹内容窗格。这样就不必在多个文件夹窗口中来回切换,使用起来更加方便。下面介绍资源管理器的基本操作。

(1) 启动资源管理器。打开"开始"菜单,选择"所有程序"/"附件"/"Windows 资源管理器"命令,即可启动并显示资源管理器(见图 2—8)。

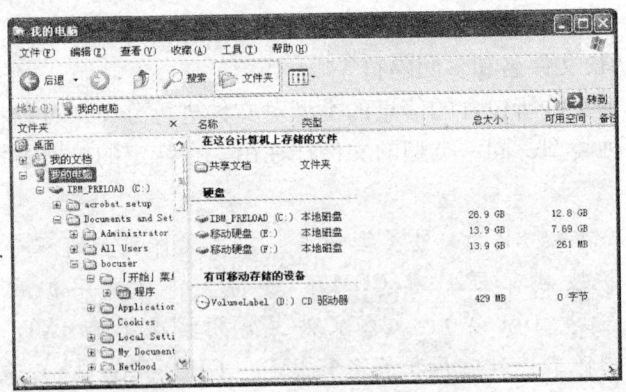

图 2—8 "资源管理器"窗口

在资源管理器窗口中，标题栏的名称随着当前选定的文件夹而改变。工作区分为左右两个窗格。左窗格又称文件夹窗格，用于显示整个计算机系统的文件夹树形结构。文件夹树的顶部为根文件夹，即"桌面"文件夹。以下依次是我的电脑、驱动器和其他文件夹。不同类型的文件夹旁边用不同的图标予以区分。一个文件夹所包含的下一层文件夹称为子文件夹。

右窗格又称文件夹内容窗格，用于显示当前文件夹中的内容，包括当前文件夹的子文件夹和文件。所谓当前文件夹即左窗格中被选中而打开的文件夹。

注意：

用户可以调整左、右窗格的大小。将鼠标指针指向资源管理器窗口中间左、右窗格的分隔线，当鼠标指针变成水平双向箭头形状时，按住鼠标左键拖动分隔线，即可调整左、右窗格的大小。

（2）查看文件夹。要查看文件夹中的内容，可以单击"资源管理器"左窗格中某文件夹，使之成为当前文件夹，此时右窗格中显示出当前文件夹下一层的所有文件夹与文件。

在"资源管理器"的文件夹窗格中，可以看到某些文件夹图标前有"+"或"-"标记。若文件夹名的前面有一个"+"，则表示该文件夹中含有子文件夹，可展开。若文件夹名的前面有一个"-"，则表示该文件夹已经展开，可折叠。若文件夹名的前面既没有"+"也没有"-"，则表明该文件夹只含文件而不含子文件夹。

单击"+"，则展开该文件夹。单击"-"，则折叠该文件夹。文件夹的折叠和展开只影响其显示，并不改变其内容。

（3）设置右窗格中文件夹和文件的显示方式。Windows XP 默认以"列表"的方式显示文件夹和文件。"列表"方式只显示每个文件夹的图标和名称。用户可单击工具栏中的"查看"按钮右侧的下拉按钮，在弹出的下拉列表中包含"缩略图""平铺""图标""列表""详细资料"五种不同的显示方式。

"缩略图":用于显示图像文件的微缩图。

"平铺":即大图标显示方式,文件名显示于大图标的右方。

"图标":即小图标显示方式,文件名显示于小图标的下方。

"列表":只显示每个文件夹或文件的图标和名称。它是默认的显示方式。

"详细资料":显示每个文件的名称、字节大小、文件类型和最后更新日期4项信息。

(4) 设置右窗格中文件夹和文件的排列顺序。调整文件夹和文件的排列顺序有3种方法:

1) 在"资源管理器"窗口中,选择"查看"菜单的"排列图标"命令,弹出"排列图标"菜单(见图2—9)。其中列出了排列图标的5个命令,其意义如下。

"名称":按文件夹或文件名的字母顺序排列。

"大小":按文件所占的字节数排列。

"类型":按文件的扩展名排列。

"修改时间":按文件最后修改的时间排列。

"自动排列":按系统默认的方式排列。

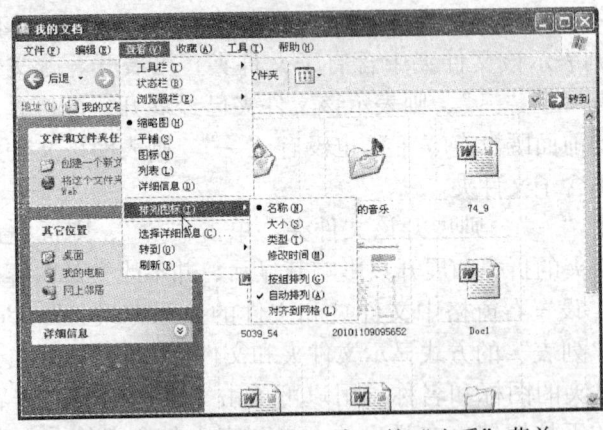

图2—9 "资源管理器"窗口的"查看"菜单

用户可单击"排列图标"菜单中的任意一个有效命令,对文件夹和文件进行重新排序。

2)用鼠标右击"资源管理器"窗口右窗格的空白处,弹出快捷菜单,鼠标指针指向快捷菜单中的"排列图标"命令,弹出下级菜单(见图2—10)。用户可单击"排列图标"菜单中的任意一个有效命令,对文件夹和文件进行排序。

图2—10 "排列图标"快捷菜单

3)当右窗格中的文件夹和文件以"详细资料"方式显示时,右窗格的顶端出现"名称""大小""类型""修改时间"按钮。只要单击其中任一按钮,右窗格内的文件夹和文件就根据该按钮的含义(名称、大小、类型、修改时间)按升序或者降序排列。

3. 选定文件与文件夹

在进行文件或文件夹操作之前,要先选定它们。一般先在"资源管理器"窗口左半部的文件夹窗格中选定当前文件夹,再在右半部文件夹内容窗格中选定所需的文件或文件夹。

（1）选定单个文件或文件夹。在"资源管理器"窗口的右窗格中，单击所要选定的文件或文件夹即可。

（2）选定一组连续排列的文件或文件夹。在"资源管理器"的右窗格中，单击要选定的某一组连续排列的文件或文件夹中的第一个对象；按住 Shift 键，然后单击要选定的最后一个文件或者文件夹，则在第一个和最后一个选定项之间的文件或文件夹呈反白显示（包括第一个和最后一个选定对象本身）（见图2—11）。

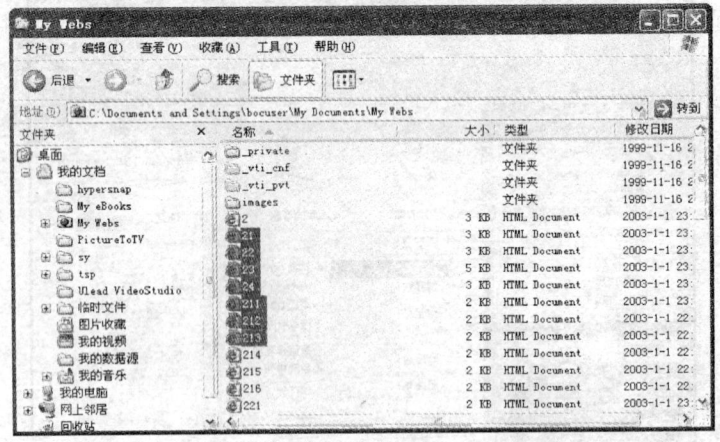

图2—11　选定连续排列的文件或文件夹

注意：

按住鼠标左键拖动，让虚线框包围要选定的文件或文件夹，被虚线框所包围的文件或文件夹即被选定并呈反白显示，这是选定一组连续文件或文件夹的快捷操作方法。

（3）选定不相邻的文件或文件夹。先按住 Ctrl 键，再单击要选定的不相邻的文件或者文件夹，被选定的每一个对象都呈反白显示（见图2—12）。

（4）选定不相邻多组的文件或文件夹。先按住 Ctrl 键，并单击第一组的第一个文件或文件夹，然后按住 Ctrl + Shift 键，单击该组的最后一个文件或文件夹。这样就选定了该组中多个连续的文件或文件夹。

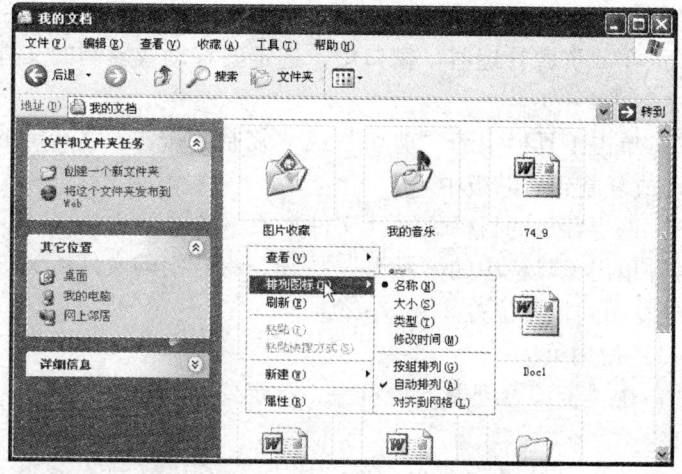

图2—12 选定不相邻文件或文件夹

用同样的方法，选定其他不相邻组中连续的文件或文件夹。

（5）选定全部文件或文件夹。选择"编辑"菜单中的"全选"命令，或者按快捷键 Ctrl＋A。

（6）取消选定的文件或文件夹。单击窗口中任何空白处即可。

4．移动或复制文件或文件夹

进行移动操作后，原位置的文件或文件夹不存在了，而被移到新的位置上；进行复制操作后，原位置的文件或文件夹仍存在，而在新的位置上产生了原文件或文件夹的副本。

（1）使用鼠标左键拖放

1）在"资源管理器"窗口中，选定要移动的文件或文件夹。

2）移动左窗格中的垂直滚动条，使目标文件夹可见。

3）用鼠标左键将选定的文件或文件夹拖放到欲存放的目标位置（文件夹或驱动器）。

若要复制文件或文件夹，则先按住 Ctrl 键，然后再进行拖放。

(2) 使用工具栏中的按钮

1) 在"资源管理器"窗口中,选定要移动或复制的文件或文件夹。

2) 单击工具栏中的"剪切"或"复制"按钮,将选定的对象剪切或复制到剪贴板中。

3) 选定存放的目标位置(文件夹或驱动器)。

4) 单击工具栏中的"粘贴"按钮,将选定的文件或文件夹移动或复制到目标位置。

(3) 使用菜单

1) 在"资源管理器"窗口中,选定要移动或复制的文件或文件夹。

2) 单击"编辑"菜单中的"剪切"或"复制"命令,将选定的对象剪切或复制到剪贴板中。

3) 选定存放的目标位置(文件夹或驱动器)。

4) 单击"编辑"菜单栏中的"粘贴"命令,将选定的文件或文件夹移动或复制到目标位置。

(4) 使用快捷菜单

1) 在"资源管理器"窗口中,选定要移动或复制的文件或文件夹。

2) 用鼠标右键单击所选定的对象,弹出快捷菜单(见图2—13)。

3) 选择快捷菜单中的"剪切"或"复制"命令,将选定的对象剪切或复制到剪贴板中。

4) 用鼠标右键单击右窗格中存放的目标文件夹,在快捷菜单中选择"粘贴"命令。

5) 若将鼠标指向图2—13的快捷菜单中的"发送到"命令,弹出级联菜单,选择级联菜单中的命令,可将文件或文件夹复制到软盘、文件夹或桌面上。

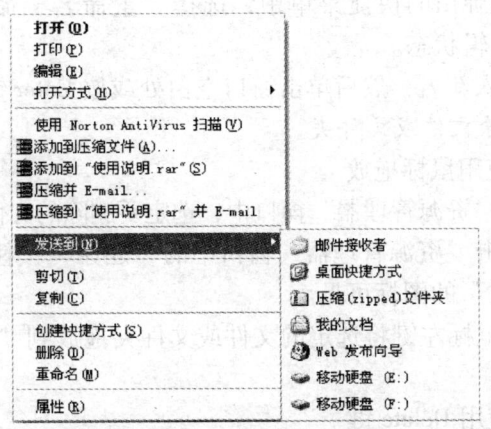

图2—13 快捷菜单中的"发送到"命令及其级联菜单

5．重新命名文件或文件夹

（1）使用鼠标

1）在"资源管理器"窗口中，选定要改名的文件或文件夹。

2）单击文件或文件夹的名称（不是图标），该名称即处于可编辑状态。

3）键入新名，然后单击窗口空白处或按 Enter 键。

（2）使用快捷键

1）在"资源管理器"窗口中，选定要改名的文件或文件夹。

2）按 F2 键，该名称即处于可编辑状态。

3）键入新名，然后单击窗口空白处或按 Enter 键。

（3）使用菜单

1）在"资源管理器"窗口中，选定要改名的文件或文件夹。

2）选择"文件"菜单中的"重命名"命令，该名称即处于可编辑状态。

3）键入新名，然后单击窗口空白处或按 Enter 键。

（4）使用快捷菜单

1）在"资源管理器"窗口中，用鼠标右击要改名的文件或文件夹，在弹出的快捷菜单中，选择"重命名"命令，该名称即处于可编辑状态。

2）键入新名，然后单击窗口空白处或按 Enter 键。

6. 删除文件或文件夹

（1）使用鼠标拖放

1）在"资源管理器"窗口中，选定要删除的文件或文件夹。

2）单击"资源管理器"窗口中的"还原"按钮，使桌面上"回收站"的图标可见。

3）用鼠标左键将选定的文件或文件夹拖放到"回收站"的图标上。

（2）使用 Delete 键

1）在"资源管理器"窗口中，选定要删除的文件或文件夹。

2）按 Delete 键。若按 Shift + Delete 键，则直接将其删除而不放入"回收站"。

（3）使用菜单

1）在"资源管理器"窗口中，选定要删除的文件或文件夹。

2）选择"编辑"菜单中的"删除"命令。

（4）使用快捷菜单

1）在"资源管理器"窗口中，选定要删除的文件或文件夹。

2）用鼠标右击选定的文件或文件夹，在弹出的快捷菜单中，选择"删除"或"剪切"命令。

> **注意：**
> 当一个文件或文件夹被删除后，如果用户还没有进行其他操作，则可单击工具栏中的"撤销"按钮，将刚刚删除的文件恢复；如果用户已经执行了其他操作，则必须在"回收站"窗口中，执行"文件"菜单中的"还原"命令才能恢复该文件。

7. 创建文件夹

新建的文件夹总是作为某个文件夹的子文件夹，因此在创建新文件夹之前应先选择其父文件夹为当前文件夹。创建文件夹的步骤如下。

(1) 在"资源管理器"窗口左窗格文件夹树中，单击作为父文件夹的某文件夹。

(2) 选择"文件"/"新建"/"文件夹"命令，则在右窗格中出现一个新文件夹图标，其默认名称为"新建文件夹"，并处于可编辑状态。

(3) 输入文件夹名，然后单击窗口空白处，或按 Enter 键。

二、磁盘管理

1. 格式化软盘

格式化操作将清除磁盘上原有的数据，所以要慎重。格式化软盘的步骤如下：

(1) 将要格式化的软盘插入软驱。

(2) 在"资源管理器"窗口中，用鼠标右键单击软盘驱动器的图标，在快捷菜单中选择"格式化"命令，打开"格式化"对话框（见图2—14）。

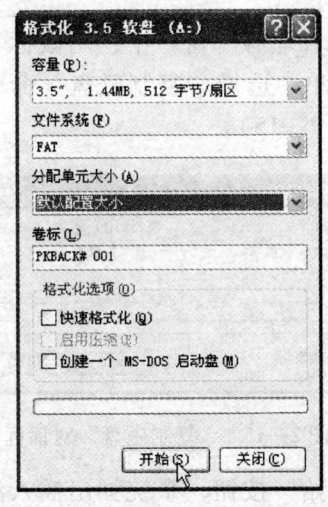

图2—14 "格式化"对话框

(3)在"容量"下拉列表中,选择一个合适的容量,如1.44 MB。

(4)在"文件系统"下拉列表中,选择一种文件系统类型。对于软盘只有 FAT 文件系统一个选项。

(5)由于软盘的分配单元大小是系统默认的,因此用户无需选择分配单元大小。

(6)在"卷标"文本框中,输入该软盘的卷标名,也可以缺省。

(7)如果在"格式化选项"组中,选中"快速格式化"复选框,格式化时只擦除软盘的文件目录和分配表,这种格式化只能对曾经格式化的软盘有效。

(8)完成以上格式化选项设置以后,单击"开始"按钮,系统弹出警示框,单击"确定"按钮即开始对软盘格式化。

2. 复制软盘

软盘复制指将一张软盘中的信息全部复制到另一张软盘中。软盘复制的步骤如下:

(1)在"资源管理器"窗口中,用鼠标右键单击软盘驱动器图标,在快捷菜单中选择"复制磁盘"命令,打开"复制磁盘"对话框(见图2—15)。

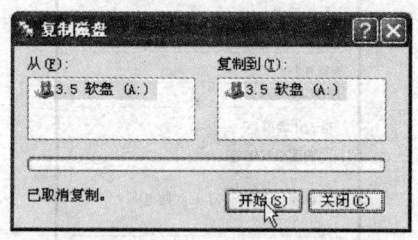

图2—15 "复制磁盘"对话框

(2)单击"开始"按钮,系统弹出插入源盘的提示框,按提示将源盘插入软驱,然后单击"确定"按钮,即开始将源盘的信息读入内存，读完后系统又弹出插入目标盘的提示框，按提示取出源盘，并将目标盘插入软驱，然后单击"确定"按钮，即开始将内存中的信息写入目标盘。

（3）写完后单击"关闭"按钮，关闭"复制磁盘"对话框。

> **注意：**
>
> 目前软盘已经基本上不再使用，大多数计算机已经不再配置软盘驱动器。磁盘管理操作大多针对移动存储器，最常见的是优盘，如对优盘进行格式化等。

模块五 系统设置

学习目标：
1. 了解控制面板的作用
2. 掌握计算机显示属性的设置

一、控制面板

在安装中文 Windows XP 时，已经设置了系统环境。在使用的过程中，用户还可以根据需要调整系统设置。系统设置在"控制面板"窗口中进行。在"控制面板"窗口中，可以对显示器、字体、打印机、输入法等软、硬件环境的参数进行设置。

打开"控制面板"窗口有以下 2 种方法：

（1）选择"开始"菜单中的"控制面板"命令。

（2）双击桌面上"我的电脑"图标，在"我的电脑"窗口中，单击左侧窗格中的"控制面板"链接。

"控制面板"窗口打开时，默认以分类视图方式显示（见图 2—16）。

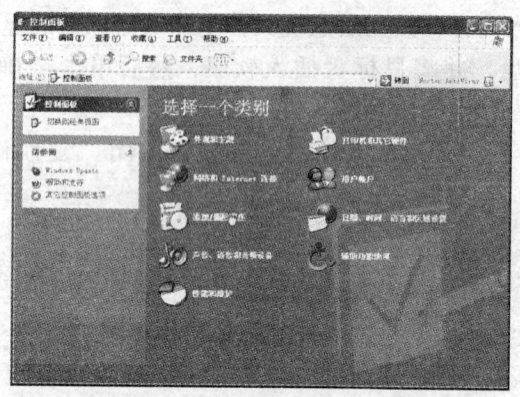

图2—16 "控制面板"窗口分类视图

注意:

控制面板中有多项设置和管理功能。它是计算机软硬件管理最重要的平台。

二、显示设置

显示器是计算机的标准输出设备,为了使显示器适合于用户的实际需求,有必要对显示器的各项参数进行设置。在"控制面板"窗口中,单击"外观和主题"链接,再单击"选择一个屏幕保护"链接,打开"显示属性"对话框"屏幕保护程序"选项卡(见图2—17)。

1. 设置屏幕保护

屏幕保护程序是为了防止因静止图像时间过长而损坏显像管而设计的。Windows XP的屏幕保护程序将在屏幕上产生一个不断变动的图像。设置屏幕保护的操作步骤如下:

(1)在"显示属性"对话框中,选择"屏幕保护程序"选项卡。

(2)在"屏幕保护程序"列表框中选择一个屏幕保护程序。例如,选择"变幻线",即可在对话框上方的预览窗格中看到该屏幕保护程序的显示效果(见图2—17)。

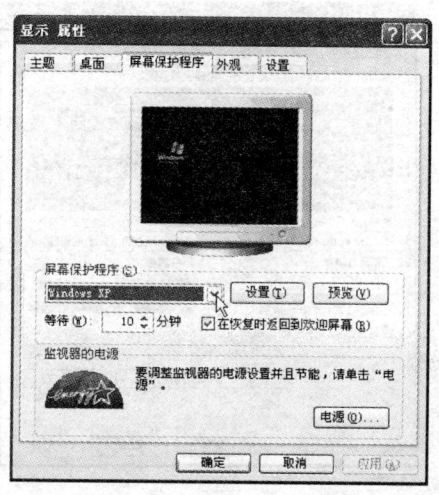

图2—17 "显示属性"对话框"屏幕保护程序"选项卡

（3）若要对所选择的屏幕保护程序的某些属性进行修改，可单击"设置"按钮，在弹出的对话框中对屏幕保护程序的属性进行修改，然后单击"确定"按钮，返回"显示属性"对话框。

（4）在"等待"文本框中，设置无操作情况下，系统自动启动屏幕保护程序的时间。

（5）单击"预览"按钮，则以全屏方式预览屏幕保护程序的显示效果。

（6）设置完毕后，单击"确定"按钮。

2. 设置分辨率和颜色数

如果屏幕显示的颜色数太少，就无法观赏VCD和图片。显示的颜色数越多，分辨率越高，图像就越接近真实效果。设置屏幕颜色数和分辨率的操作步骤如下：

（1）在"显示属性"对话框中，单击"设置"选项卡，在该选项卡中可以设置颜色和分辨率（见图2—18）。

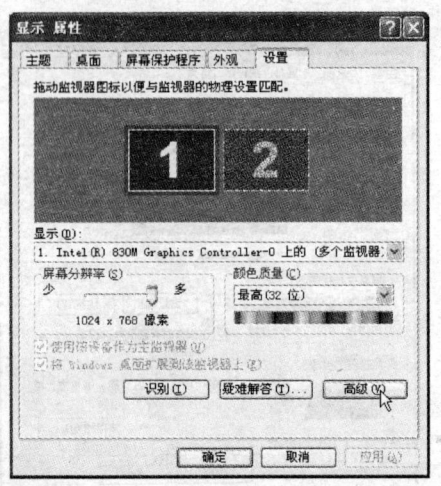

图 2—18 "显示属性"对话框"设置"选项卡

（2）在"颜色质量"下拉列表中选择颜色位数，如选择"高（24 位）"。

（3）拖动"屏幕分辨率"框中的滑块可以调整显示器的分辨率，例如，将屏幕分辨率设置为 1024×768 像素。

（4）设置完毕后，单击"确定"按钮。

练 习 题

一、填空题

1. 在"我的文档"窗口中，系统设置了_____、_____、_____、_____等默认文件夹。

2. 在桌面上，除了"_____"快捷图标之外，其他快捷图标都可以删除。

3. 在"任务栏"的"快速启动"栏中排列着 3 个默认的按钮，它们分别是_____、_____和_____按钮。

4. 在 Windows XP 环境中，鼠标基本操作有以下 5 种：_____、_____、_____、_____、_____。

5. Windows XP 窗口的组成主要有：_____、_____、_____、_____、_____、_____。

6. Windows XP 提供的对文件和文件夹进行管理的两个应用程序组是_____和_____。

7. 当一个文件或文件夹被删除后，如果用户还没有进行其他操作，则可单击工具栏中的_____按钮，将刚刚删除的文件恢复；如果用户已经执行了其他操作，则必须在_____窗口中，执行_____菜单中的_____命令才能恢复。

8. 在"我的电脑"或"资源管理器"中，可以用"文件"菜单上的_____命令创建新文件夹。

9. 进行"复制"操作的快捷键是_____；进行"剪切"操作的快捷键是_____；进行"粘贴"操作的快捷键是_____。

10. 在"资源管理器"窗口中，工作区的左窗格显示_____，右窗格显示_____。

11. 在"资源管理器"窗口中，有的文件夹前边带有一个"+"，这表明_____。

二、选择题

1. 图标是 Windows XP 的重要元素之一，下面对图标描述错误的是_____。

  A. 图标可以表示被组合在一起的多个程序

  B. 图标既可以代表程序也可以代表文档

  C. 图标可能是仍然在运行但窗口被最小化的程序

  D. 图标只能代表某个应用程序

2. 当一个应用程序窗口被最小化后,该应用程序_____。
   A. 继续在前台运行　　　　B. 终止运行
   C. 转入后台运行　　　　　D. 保持最小化前的状态
3. 在 Windows XP 中,更改文件名的操作是_____。
   A. 用鼠标单击文件名,选择"文件"菜单中的"重命名"命令,键入新文件名后按 Enter 键
   B. 用鼠标单击被选中的文件名,键入新文件名后按 Enter 键
   C. 用鼠标右键单击文件名,然后选择"重命名"命令,键入新文件名后按 Enter 键
   D. 用鼠标右键双击文件名,然后选择"重命名"命令,键入新文件名后按 Enter 键
4. 在"我的电脑"或"资源管理器"窗口的右窗格中,选取若干个不连续的文件夹或文件的操作方法是_____。
   A. 用鼠标左键依次单击要选定的文件夹或文件
   B. 按住 Shift 键,单击第一个和最后一个文件夹或文件
   C. 按住 Ctrl 键,单击要选定的文件夹或文件
   D. 按住 Tab 键,单击第一个和最后一个文件夹或文件
5. 在 Windows XP 中,在已打开的各个窗口之间进行切换,则_____键。
   A. 按 Alt + Tab　　　　　B. 按住 Ctrl,再按 Tab
   C. 按住 Alt,再按 Shift + Tab　　D. 按 Alt + Esc
6. 在"我的电脑"或"资源管理器"窗口的右窗格中,选取若干个连续的文件夹或文件的操作方法是_____。
   A. 用鼠标左键依次单击要选定的文件夹或文件
   B. 按住 Shift 键,单击第一个和最后一个文件夹或文件
   C. 按住 Ctrl 键,单击第一个和最后一个文件夹或文件
   D. 按住 Tab 键,单击第一个和最后一个文件夹或文件

三、操作题

1. 文件和文件夹操作。

（1）在"我的文档"中建立子文件夹 USER1，又在 USER1 文件夹下建立下级子文件夹 USER2。

（2）用 Windows XP 中的"记事本"程序编辑文档 DATA.TXT，并将其存入"我的文档"中的 USER2 子文件夹。

（3）将"我的文档"中 USER2 子文件夹中的 DATA.TXT 文件复制到 USER1 子文件夹中。

（4）删除 USER2 子文件夹中的 DATA.TXT 文件。

（5）将"回收站"中的 DATA.TXT 文件恢复到"我的文档"中的 USER2 子文件夹中。

（6）将 USER2 子文件夹中的 DATA.TXT 文件更名为 DATA.BAK。

（7）将 USER2 子文件夹移动到桌面上。

（8）删除桌面上的 USER2 文件夹。

2. 启动 Word 应用程序，将窗口最小化，然后还原窗口，最后关闭窗口。

3. 将系统显示分辨率设置为 1 024×768，颜色设置为 24 位真彩色。

4. 对一个优盘进行快速格式化，清除其中的数据备用。

5. 按正确的程序关机，5 分钟后再开机启动 Windows XP。

第3单元 英文录入

模块一 键盘键位及其功能

学习目标：
1. 了解标准键盘的键位分布
2. 了解换档键、控制键、退格键、回车键的功能
3. 了解插入键、删除键的功能

键盘是计算机的标准输入设备，文字是通过键盘录入的。标准键盘的键位分布见图3—1。

图3—1 标准键盘的键位分布

键盘可以分为5个区，分别是：主键盘区、编辑键区、功能键区、小键盘区、指示灯区。

一、主键盘区键位

主键盘区上按键的分布与英文打字机基本相同，该区除了包含英文字母键、数字键、标点符号、常用运算符、空格键之外，

还有一些特殊键。

> **注意：**
> 在开机之后的默认状态下，按英文字母键，则输入小写的字母；按双符键，则输入下档字符。

主键盘区上特殊键及功能介绍如下：

1. Shift 键——换档键

该键在键面上用一个向上空心箭头标示。它主要用于字母大、小写的临时切换和双符键的上、下档的临时切换，它没有锁定作用。Shift 键有左右两个，它们的作用等效。

按住 Shift 键不放，再按字母键，则改变原来的大小写状态输入字母。若原为小写状态，此操作则输入大写字母；若原为大写状态，此操作则输入小写字母。

按住 Shift 键不放，再按双符键，就输入该键的上档字符；若不按 Shift 键，直接按双符键，则输入下档字符。

2. CapsLock 键——大小写锁定键

该键是字母大小写锁定切换的转换开关。开机之后的默认状态是输入小写字母。按一下 CapsLock 键后，键盘右上角 CapsLock 指示灯亮，此后输入字母皆为大写。此状态一直保持到再次按 CapsLock 键换挡为止。

> **注意：**
> CapsLock 键仅对字母键起作用，数字键和其他符号键都不受影响。

3. Enter 键——回车键

当一条命令由键盘输入时，它被放在一个特定的键盘缓冲区内，尚未送入 CPU 让命令处理程序执行，此时还有机会纠正命令中的错误。若按 Enter 键后，则把命令送入 CPU 执行，该命令执行后，光标就移到下一行开始处。因此 Enter 键又叫做回车换行键。

4. Backspace——退格键

在输入命令时难免会出错，在按回车键之前，按一下退格键，光标退回一格并删掉该处原字符，然后可以再输入新的字符。

5. Esc 键——取消键

该键的作用为放弃正在进行的操作。

6. Tab 键——制表位键

按此键，则光标移到下个制表位。若光标位于表格中，按此键则光标移至下一个表格单元。

7. Ctrl 键——控制键

Ctrl 键和其他键联用，形成组合键，可产生各种特殊的功能。例如，Ctrl + P 键用于接通打印机。

8. Alt 键——转换键

该键常与其他键组合使用，产生转换等功能。在 Windows 状态下，Alt + 字母键常用于选择菜单。

二、编辑键区键位

1. Insert 键——插入键

该键是"插入或改写"状态的切换开关。开机之后，一般默认初始态为"插入"状态。按一下该键，则转为"改写"状态；再按一下该键，又返回"插入"状态。

2. Delete 键——删除键

在 Windows 状态下，该键用于删除插入点后一个字符。

3. ←，→，↑，↓键——方向键

一般用于移动光标。

4. Home——行首键

使光标移到当前行的行首。

5. End——行尾键

使光标移到当前行的行尾。

6. PageUp——向上翻页键

光标上移一屏。

7. PageDown——向下翻页键

光标下移一屏。

8. Pause——暂停键

用于暂停程序运行。

三、功能键区

功能键区共有 12 个键，用 F1～F12 标示。设置功能键的目的是为了简化键盘操作。按下某功能键，相当于键入一条命令。计算机所运行的软件系统不同，每个功能键上所定义的功能也随之不同。

四、小键盘区

该区的键位与普通计算器相似，该区各键具有双重功能：既可作为数字键，又可作为编辑键。两种状态的转换由数字键盘区左上角的 Numlock 键控制，它是重复触发键，其状态由 Numlock 指示灯指示。

当 Numlock 指示灯亮时，该区处于数字键状态，可输入数字和运算符号，其作用与主键盘区数字键的功能一样。可用右手单独完成大批量的数字输入，财会与银行人员使用得特别多。

当 Numlock 指示灯灭时，该区处于编辑状态，小键盘成为编辑键盘，可进行光标移动和编辑操作。

五、指示灯区

指示灯区用来表明键盘所处的状态，例如，上面介绍的 CapsLock 指示灯、Numlock 指示灯等。

模块二 键 盘 操 作

学习目标：

1. 掌握正确的录入操作姿势
2. 了解手指键位的分工
3. 掌握手指与基本键的对应关系

一、录入操作姿势

计算机数据录入时,要求录入人员在较长时间里坐着工作,如果姿势不正确,很快就会感到疲劳,从而影响数据录入的速度和质量。因此,操作员必须掌握正确的录入操作姿势。正确录入操作姿势见图3—2。

图3—2 录入操作姿势

1．正确的坐姿

录入人员平坐在椅子上,上身挺直,微向前倾。椅子的高度应调整到使双脚能自然地踏放在地板上。双脚踏地时可以稍呈前后状。

2．手臂、手腕和手指的运用

两肩放平,大臂与小肘微靠近身躯;小臂与手腕略向上倾斜,不可拱起,也不可触到键盘。

手掌应与键盘的斜度保持平行,手指自然弯曲,轻轻地放在与各手指相应的基本键上,左、右拇指则应放在空格键上。

3．眼睛平视屏幕

保证眼睛平视屏幕,不要看键盘。

二、指法

1．手指的分工

实践证明,人用双手交替击键的速度最高,单手换指击键的速度次之,单手同指击键的速度最低。因此,要求操作员必须采用双手击键的方法。各键位手指分工见图3—3。

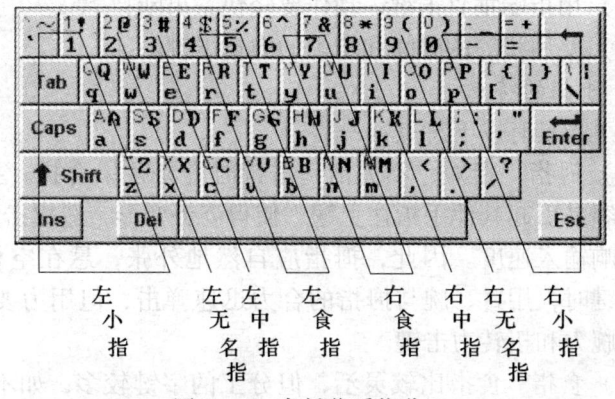

图3—3　各键位手指分工

从主键盘区往下数第三排的 ASDF 和 JKL; 8个键称为基准键,有时也称为基本键。它是除拇指外双手各指停放的基本位置,并作为敲击其他键的参照位置。

注意:

　　F和J键上各有一个凸起的小标记,操作员通过食指感触凸起的标记,很容易将手指正确地放置于基本键位上。

左无名指负责第2列,右无名指负责第9列,左中指负责第3列,右中指负责第8列,左食指负责4,5两列,右食指负责6,7两列,左小指负责第1列及左边的特殊键,右小指负责第10列及右边的特殊键,左、右大拇指交替使用空格键。各手指实行"包产到户",不允许"互相帮助"。

手指敲击基本键的上排或下排的键位后要及时地放回到基本键上,因为基本键离上下其他键位的平均距离最短。

2. 击键方法

击键时要做到以下几点:

(1) 录入时,先将手指拱起,按各指的分工轻轻地放在基

本键上,只有敲击上下行按键时,才用手指伸直去击键,但击键后应立即回到基本键上;

(2) 用指端垂直击键,动作要轻快、果断;

(3) 要用相等的时间和均匀的力量击键。

3. 手指的特点

各手指具有以下特点:

(1) 拇指。指短,不灵活,击键时容易往里合拢。打空格键时,容易引起其他手指往上翘,使得姿势变形,造成击键不连贯,影响输入速度。因此,拇指应自然地外张,悬在空格键上方,击键时,用臂、腕与拇指的合力迅速弹击,但用力要适当,防止用腕力和扭转力击键。

(2) 食指。食指比较灵活,但分工的字键较多,如不注意,容易造成击键不准。因此在练习时应认真体会各键位之间的距离。

(3) 中指。中指较长,击键时往往用力过重。因此应注意与其他手指互相配合,均衡用力。

(4) 无名指。无名指不太灵活,力量小,应注意加强练习。

(5) 小指。小指短且不灵活,击键时容易使手背向外倾斜,而用指尖外侧击键。因此,在练习中应注意加强小指力量的锻炼,增强灵活性。

4. 注意事项

在指法练习中,应避免发生下述错误:

(1) 不是击键,而是按键,一直压到底,没有弹性。

(2) 击键时手指里勾或外翘。

(3) 左手击键时,右手离开基本键,搁在键盘边框上。

(4) 击键后手指未及时返回基本键或回到基本键时指位错乱。

(5) 录入时没有悬腕,而是把手腕搁在桌子上。

(6) 击键的力量过大。

5. 手指操

开始练习时,各手指的灵活性及力量不均,而且各手指间相互依赖较强,建议在非上机练习时,抽空做下述手指操,以帮助增强手指的力量及灵活性。

(1) 尽力将双手手指分开,然后从小指开始,将手指逐个分开,再从拇指开始,将手指逐个分开,最后将手指放松并轻轻握拳。

(2) 双手十指分开,逐个手指在桌面上轻叩。当用某个手指叩击桌面时,其他手指应保持原状。练习一阵后,十个手指再交替叩击。在练习中应注意增强无名指与小指的叩击力量。

三、录入操作的基本原则

在进行指法训练或数据录入时,应遵循下述基本原则:

1. 两眼专注原稿,不允许看键盘

这条原则是要求操作员采用"触觉打字法"。所谓"触觉",是指敲击键盘要靠手指的感觉而不是靠眼睛看着键盘的"视觉"。这是因为人的眼睛在同一时间里既看稿件又看键盘、屏幕,往往顾此失彼,又容易疲劳。而运用"触觉"打字,可以做到"眼看稿件,手指击键,各负其责,通力合作",大大加快录入速度。

2. 精神高度集中,避免出现差错

速度和质量是数据录入的两个最重要的指标。数据录入过程中,如果精神不集中,一方面降低录入速度,另一方面不可避免地会出现差错。

> **注意:**
> 现在市面上有各种英文打字练习的软件,这些软件内容丰富、设计精巧,初学者可以利用这些软件进行打字练习,将会收到事半功倍的效果。

一些网站也提供打字练习,将打字和娱乐结合起来。例如,BBC 网站提供了少儿的英文打字练习网页,网址是:www.bbc.co.uk/schools/typing。

模块三 指法训练

学习目标：
1. 了解指法训练的难点
2. 克服指法训练中的不良习惯
3. 掌握基准键的指法
4. 掌握范围键的指法

一、指法训练的难点

指法训练的难点主要有以下几个方面：

1. 无名指和小指的控制

初学者常见的毛病是无名指一动，其他手指也跟着动。解决这个问题的办法就是多练，哪个手指不好使就重点练哪个，一个一个地攻破。各个手指都灵活后，再进行综合性练习，使10个手指分工明确，协调灵活。

2. 打字姿势

常见的错误打字姿势是不悬腕，将手腕放在工作台或搁在键盘边上打字。这种姿势会大大降低录入速度，而且时间一长易使腕部疲劳。正确的姿势应该是腕部悬空，与悬腕练书法相似。

3. 盲打

从一开始练习打字就要试着盲打。只要记住键位，指法正确，实现盲打并不太难。初学者最常见的问题是眼睛的注意力不放在原稿和屏幕上，而是找键位，盯键盘，这样做永远不会有很高的键盘录入速度。开始练习时不要怕慢，关键是准确，要把准确性放在第一位。一定要找准键位，逐个字母地记住键位，以便实现盲打。

4. 手指必须放在基准键上

离开了基准键，就练不成盲打。应该养成习惯，手指击键完毕后要立即回位。

二、基准键的指法训练

下面给出基准键组成的字母组合，在文字处理软件中反复输入这组字母。第一次练习击键时可以看键盘，第二次练习时则要盲打。

> **注意：**
>
> 练习时，坚持做到按正确的方法击键。击键速度大约在每分钟40下为宜。

1. 基准键 F, J

FJ FJ FJ FJ FJ FJ FJ FJ FJ
JF JF JF JF JF JF JF JF JF
FFJJ FFJJ FFJJ FFJJ FFJJ FFJJ
JJFF JJFF JJFF JJFF JJFF JJFF
FJJF FJJF FJJF FJJF FJJF FJJF
JFFJ JFFJ JFFJ JFFJ JFFJ JFFJ

2. 基准键 K, D, F, J

KD KD KD KD KD KD KD KD
DK DK DK DK DK DK DK DK
KKDD KKDD KKDD KKDD KKDD KKDD
DDKK DDKK DDKK DDKK DDKK DDKK
KDDK KDDK KDDK KDDK KDDK KDDK
DKKD DKKD DKKD DKKD DKKD DKKD
JFKD JFKD JFKD JFKD JFKD JFKD
KDJF KDJF KDJF KDJF KDJF KDJF
DKFJ DKFJ DKFJ DKFJ DKFJ DKFJ
FJDK FJDK FJDK FJDK FJDK FJDK
JKFD JKFD JKFD JKFD JKFD JKFD

FDJK FDJK FDJK FDJK FDJK FDJK
DFKJ DFKJ DFKJ DFKJ DFKJ DFKJ
KJDF KJDF KJDF KJDF KJDF KJDF
JDKF JDKF JDKF JDKF JDKF JDKF
KFJD KFJD KFJD KFJD KFJD KFJD
FKDJ FKDJ FKDJ FKDJ FKDJ FKDJ
DJFK DJFK DJFK DJFK DJFK DJFK

3. 基准键 L, S, D, K
LS LS LS LS LS LS LS LS LS
SL SL SL SL SL SL SL SL SL
LLSS LLSS LLSS LLSS LLSS LLSS
SSLL SSLL SSLL SSLL SSLL SSLL
LSSL LSSL LSSL LSSL LSSL LSSL
SLLS SLLS SLLS SLLS SLLS SLLS
KDLS KDLS KDLS KDLS KDLS KDLS
LSKD LSKD LSKD LSKD LSKD LSKD
SLDK SLDK SLDK SLDK SLDK SLDK
DKSL DKSL DKSL DKSL DKSL DKSL
KLDS KLDS KLDS KLDS KLDS KLDS
DSKL DSKL DSKL DSKL DSKL DSKL
SDLK SDLK SDLK SDLK SDLK SDLK
LKSD LKSD LKSD LKSD LKSD LKSD
KSLD KSLD KSLD KSLD KSLD KSLD
LDKS LDKS LDKS LDKS LDKS LDKS
DLSK DLSK DLSK DLSK DLSK DLSK
SKDL SKDL SKDL SKDL SKDL SKDL

4. 基准键 A, ; , F, J
;A ;A ;A ;A ;A ;A ;A ;A
A; A; A; A; A; A; A; A;

;;AA ;;AA ;;AA ;;AA ;;AA ;;AA
AA;; AA;; AA;; AA;; AA;; AA;;
A;;A A;;A A;;A A;;A A;;A A;;A
A;;A A;;A A;;A A;;A A;;A A;;A
JA;F JA;F JA;F JA;F JA;F JA;F
;FJA ;FJA ;FJA ;FJA ;FJA ;FJA
F;AJ F;AJ F;AJ F;AJ F;AJ F;AJ
AJF; AJF; AJF; AJF; AJF; AJF;
J;AF J;AF J;AF J;AF J;AF J;AF
AFJ; AFJ; AFJ; AFJ; AFJ; AFJ;
FA;J FA;J FA;J FA;J FA;J FA;J
;JFA ;JFA ;JFA ;JFA ;JFA ;JFA
JFA; JFA; JFA; JFA; JFA; JFA;
A;JF A;JF A;JF A;JF A;JF A;JF
;AFJ ;AFJ ;AFJ ;AFJ ;AFJ ;AFJ
FJ;A FJ;A FJ;A FJ;A FJ;A FJ;A

三、范围键的指法训练

下面给出几组由范围键组成的字母组合，以及范围键和基准键的字母组合，反复练习录入，直到熟练为止。

1. 食指范围键

（1）第一组

HG HG HG HG HG HG HG HG
GH GH GH GH GH GH GH GH
JH JH JH JH JH JH JH JH
HJ HJ HJ HJ HJ HJ HJ HJ
FG FG FG FG FG FG FG FG
GF GF GF GF GF GF GF GF
JHFG JHFG JHFG JHFG JHFG
FGJH FGJH FGJH FGJH FGJH FGJH

GFHJ GFHJ GFHJ GFHJ GFHJ GFHJ
HJGF HJGF HJGF HJGF HJGF HJGF
JFHG JFHG JFHG JFHG JFHG JFHG
HGJF HGJF HGJF HGJF HGJF HGJF
GHFJ GHFJ GHFJ GHFJ GHFJ GHFJ
FJGH FJGH FJGH FJGH FJGH FJGH
KDGH KDGH KDGH KDGH KDGH KDGH
HGKD HGKD HGKD HGKD HGKD HGKD
GHDK GHDK GHDK GHDK GHDK GHDK
DKGH DKGH DKGH DKGH DKGH DKGH
KHDG KHDG KHDG KHDG KHDG KHDG
DGKH DGKH DGKH DGKH DGKH DGKH
GDHK GDHK GDHK GDHK GDHK GDHK
HKGD HKGD HKGD HKGD HKGD HKGD
（2）第二组
LSHG LSHG LSHG LSHG LSHG LSHG
HGLS HGLS HGLS HGLS HGLS HGLS
GHSL GHSL GHSL GHSL GHSL GHSL
SLGH SLGH SLGH SLGH SLGH SLGH
LHSG LHSG LHSG LHSG LHSG LHSG
SGLH SGLH SGLH SGLH SGLH SGLH
GSHL GSHL GSHL GSHL GSHL GSHL
HLGS HLGS HLGS HLGS HLGS HLGS
AHG ;AHG ;AHG ;AHG ;AHG ;AHG
HG;A HG;A HG;A HG;A HG;AHG;AHG
GH;A GH;A GH;A GH;A GH;A
AGH;AGH;AGH;AGH ;AGH;AGH;AGH
;HAG ;HAG ;HAG ;HAG ;HAG ;HAG
AG;H AG;H AG;H AG;HAG;H AG;HAG

(3) 第三组

UR UR UR UR UR UR UR UR
RU RU RU RU RU RU RU RU
JU JU JU JU JU JU JU JU
UJ UJ UJ UJ UJ UJ UJ
FR FR FR FR FR FR FR
RF RF RF RF RF RF RF
JUFR JUFR JUFR JUFR JUFR JUFR
FRJU FRJU FRJU FRJU FRJU FRJU
RFUJ RFUJ RFUJ RFUJ RFUJ RFUJ
UJRF UJRF UJRF UJRF UJRF UJRF
JRUF JRUF JRUF JRUF JRUF JRUF
UFJR UFJR UFJR UFJR UFJR UFJR
FURJ FURJ FURJ FURJ FURJ FURJ
RJFU RJFU RJFU RJFU RJFU RJFU
JFUR JFUR JFUR JFUR JFUR JFUR
URJF URJF URJF URJF URJF URJF
RUFJ RUFJ RUFJ RUFJ RUFJ RUFJ
FJRU FJRU FJRU FJRU FJRU FJRU
JAR JAR JAR JAR JAR JAR JAR
FRU FRU FRU FRU FRU FRU FRU
KAR KAR KAR KAR KAR KAR KAR
DAR DAR DAR DAR DAR DAR DAR
JUR JUR JUR JUR JUR JUR JUR
FAR FAR FAR FAR FAR FAR FAR

(4) 第四组

TY TY TY TY TY TY TY TY
YT YT YT YT YT YT YT YT
JY JY JY JY JY JY JY JY

YJ YJ YJ YJ YJ YJ YJ YJ
FT FT FT FT FT FT FT FT
TF TF TF TF TF TF TF TF
JYFT JYFT JYFT JYFT JYFT JYFT
FTJY FTJY FTJY FTJY FTJY FTJY
TFYJ TFYJ TFYJ TFYJ TFYJ TFYJ
YJTF YJTF YJTF YJTF YJTF YJTF
JFYT JFYT JFTY JFYT JFYT JFYT
YTJF YTJF YTJF YTJF YTJF YTJF
TYFJ TYFJ TYFJ TYFJ TYFJ TYFJ
FJTY FJTY FJTY FJTY FJTY FJTY
JTYF JTYF JTYF JTYF JTYF JTYF
YFJT YFJT YFJT YFJT YFJT YFJT
FYTJ FYTJ FYTJ FYTJ FYTJ FYTJ
TJFY TJFY TJFY TJFY TJFY TJFY
YARD YARD YARD YARD YARD YARD
YEAR YEAR YEAR YEAR YEAR YEAR
YELLOW YELLOW YELLOW YELLOW
YIELD YIELD YIELD YIELD YIELD
YOKE YOKE YOKE YOKE YOKE YOKE
YOU YOU YOU YOU YOU YOU YOU
EASILY EASILY EASILY EASILY
GLADLY GLADLY GLADLY GLADLY
IDIOLOGY IDIOLOGY IDIOLOGY
UGLY UGLY UGLY UGLY UGLY UGLY
（5）第五组
TAG TAG TAG TAG TAG TAG TAG
TAIE TAIE TAIE TAIE TAIE TAIE
TELE TELE TELE TELE TELE TELE

THAT THAT THAT THAT THAT THAT
THE THE THE THE THE THE THE
THIS THIS THIS THIS THIS THIS
TOUGH TOUGH TOUGH TOUGH TOUGH
TWO TWO TWO TWO TWO TWO TWO
AFTER AFTER AFTER AFTER AFTER
EAT EAT EAT EAT EAT EAT EAT
ILLEGAL ILLEGAL ILLEGAL ILLEGAL
OAT OAT OAT OAT OAT OAT OAT
OPERATE OPERATE OPERATE OPERATE
UTTER UTTER UTTER UTTER UTTER

(6) 第六组

NV NV NV NV NV NV NV NV
VN VN VN VN VN VN VN VN
FV FV FV FV FV FV FV FV
VF VF VF VF VF VF VF VF
JN JN JN JN JN JN JN JN
NJ NJ NJ NJ NJ NJ NJ NJ
JNFV JNFV JNFV JNFV JNFV JNFV
FVJN FVJN FVJN FVJN FVJN FVJN
VFNJ VFNJ VFNJ VFNJ VFNJ VFNJ
NJVF NJVF NJVF NJVF NJVF NJVF
JRNF JRNF JRNF JRNF JRNF JRNF
FJVN FJVN FJVN FJVN FJVN FJVN
NVJF NVJF NVJF NVJF NVJF NVJF
FUVJ FUVJ FUVJ FUVJ FUVJ FUVJ
NATIVE NATIVE NATIVE NATIVE
NATURAL NATURAL NATURAL
NERVE NERVE NERVE NERVE NERVE

NESTLE NESTLE NESTLE NESTLE
NINE NINE NINE NINE NINE NINE
NITRIC NITRIC NITRIC NITRIC
NOISE NOISE NOISE NOISE NOISE
NONSOLUTE NONSOLUTE NONSOLUTE
NUCLEAR NUCLEAR NUCLEAR NUCLEAR
NURSE NURSE NURSE NURSE NURSE
VALUE VALUE VALUE VALUE VALUE
VANISH VANISH VANISH VANISH
VENEER VENEER VENEER VENEER
VERGE VERGE VERGE VERGE VERGE
VIEW VIEW VIEW VIEW VIEW VIEW
VOID VOID VOID VOID VOID VOID
VOLTAGE VOLTAGE VOLTAGE
VUEGAR VUEGAR VUEGAR VUEGAR
HAVE HAVE HAVE HAVE HAVE HAVE
ACTIVE ACTIVE ACTIVE ACTIVE

(7) 第七组
MB MB MB MB MB MB MB MB
BM BM BM BM BM BM BM BM
JM JM JM JM JM JM JM JM
MJ MJ MJ MJ MJ MJ MJ MJ
FB FB FB FB FB FB FB FB
BF BF BF BF BF BF BF
JMFB JMFB JMFB JMFB JMFB
FBJM FBJM FBJM FBJM FBJM
BFMJ BFMJ BFMJ BFMJ BFMJ
MJBF MJBF MJBF MJBF MJBF
JFMB JFMB JFMB JFMB JFMB

BMFJ BMFJ BMFJ BMFJ BMFJ BMFJ
FMJB FMJB FMJB FMJB FMJB FMJB
JBFM JBFM JBFM JBFM JBFM JBFM
MAKE MAKE MAKE MAKE MAKE
MEMBER MEMBER MEMBER MEMBER
MERIT MERIT MERIT MERIT MERIT
MINOR MINOR MINOR MINOR MINOR
MISSION MISSION MISSION MISSION
MOMENT MOMENT MOMENT MOMENT
MUSIC MUSIC MUSIC MUSIC MUSIC
MUTUAL MUTUAL MUTUAL MUTUAL
PERFORM PERFORM PERFORM
UINIMUM UINIMUM UINIMUM　UINIMUM
TIME TIME TIME TIME TIME TIME
ASSUME ASSUME ASSUME ASSUME
BANK BANK BANK BANK BANK BANK
BASE BASE BASE BASE BASE BASE
BEHAVE BEHAVE BEHAVE BEHAVE
BELL BELL BELL BELL BELL BELL
BITE BITE BITE BITE BITE BITE
BOTTLE BOTTLE BOTTLE BOTTLE
BOUND BOUND BOUND BOUND BOUND
BUT BUT BUT BUT BUT BUT BUT

2. 中指范围键
（1）第一组
IE IE IE IE IE IE IE
EI EI EI EI EI EI EI
KI KI KI KI KI KI KI
IK IK IK IK IK IK IK

DE DE DE DE DE DE DE DE
ED ED ED ED ED ED ED ED
ID ID ID ID ID ID ID ID
EK EK EK EK EK EK EK EK
KIDE KIDE KIDE KIDE KIDE KIDE
DEKI DEKI DEKI DEKI DEKI DEKI
EDIK EDIK EDIK EDIK EDIK EDIK
IKED IKED IKED IKED IKED IKED
KEID KEID KEID KEID KEID KEID
IDKE IDKE IDKE IDKE IDKE IDKE
DIEK DIEK DIEK DIEK DIEK DIEK
EKDI EKDI EKDI EKDI EKDI EKDI
KDIE KDIE KDIE KDIE KDIE KDIE
IEKD IEKD IEKD IEKD IEKD IEKD
EIDK EIDK EIDK EIDK EIDK EIDK
DKEI DKEI DKEI DKEI DKEI DKEI
IDLE IDLE IDLE IDLE IDLE IDLE
IED IED IED IED IED IED IED
IES IES IES IES IES IES IES
IF IF IF IF IF IF IF IF
IG IG IG IG IG IG IG IG
ILL ILL ILL ILL ILL ILL ILL
IRE IRE IRE IRE IRE IRE IRE
IS IS IS IS IS IS IS IS
EAR EAR EAR EAR EAR EAR EAR
EARD EARD EARD EARD EARD EARD
EASE EASE EASE EASE EASE EASE
EDGE EDGE EDGE EDGE EDGE EDGE
EFFER EFFER EFFER EFFER EFFER

ELDER ELDER ELDER ELDER ELDER
（2）第二组
,C ,C ,C ,C ,C ,C ,C ,C
C, C, C, C, C, C, C, C,
K, K, K, K, K, K, K, K,
,K ,K ,K ,K ,K ,K ,K ,K
DC DC DC DC DC DC DC DC
CD CD CD CD CD CD CD CD
K,DC K,DC K,DC K,DC K,DC K,DC
DCK, DCK, DCK, DCK, DCK, DCK,
,KCD ,KCD ,KCD ,KCD ,KCD ,KCD
CD,K CD,K CD,K CD,K CD,K CD,K
D,KC D,KC D,KC D,KC D,KC D,KC
KCD, KCD, KCD, KCD, KCD, KCD,
CK,D CK,D CK,D CK,D CK,D CK,D
,DCK ,DCK ,DCK ,DCK ,DCK ,DCK
CIDK CIDK CIDK CIDK CIDK CIDK
CAGE CAGE CAGE CAGE CAGE CAGE
CAPTAIN CAPTAIN CAPTAIN
CELL CELL CELL CELL CELL CELL
CONTRAL CONTRAL CONTRAL
CIRCLE CIRCLE CIRCLE CIRCLE
CIVIL CIVIL CIVIL CIVIL CIVIL
COLD COLD COLD COLD COLD COLD
CURTAIN CURTAIN CURTAIN
PHYSIC PHYSIC PHYSIC PHYSIC
MUSIC MUSIC MUSIC MUSIC
GRACE GRACE GRACE GRACE GRACE
FURNACE FURNACE FURNACE

3. 无名指范围键
(1) 第一组
WO WO WO WO WO WO WO WO
OW OW OW OW OW OW OW OW
LO LO LO LO LO LO LO LO
OL OL OL OL OL OL OL OL
SW SW SW SW SW SW SW SW
WS WS WS WS WS WS WS WS
LOSW LOSW LOSW LOSW LOSW
SWLO SWLO SWLO SWLO SWLO SWLO
WSOL WSOL WSOL WSOL WSOL
OLWS OLWS OLWS OLWS OLWS OLWS
LSOW LSOW LSOW LSOW LSOW
OWSL OWSL OWSL OWSL OWSL OWSL
WOSL WOSL WOSL WOSL WOSL
SLWO SLWO SLWO SLWO SLWO SLWO
LODE LODE LODE LODE LODE LODE
LODGE LODGE LODGE LODGE LODGE
LOG LOG LOG LOG LOG LOG LOG
LOSE LOSE LOSE LOSE LOSE LOSE
LOOK LOOK LOOK LOOK LOOK LOOK
ODD ODD ODD ODD ODD ODD ODD
OF OF OF OF OF OF OF OF
OIL OIL OIL OIL OIL OIL OIL
OLD OLD OLD OLD OLD OLD OLD
ORDER ORDER ORDER ORDER ORDER
WAR WAR WAR WAR WAR WAR
WASH WASH WASH WASH WASH WASH
WEAK WEAK WEAK WEAK WEAK

WEAR WEAR WEAR WEAR WEAR WEAR
WEIGH WEIGH WEIGH WEIGH
WHERE WHERE WHERE WHERE WHERE
WIDE WIDE WIDE WIDE WIDE
WILL WILL WILL WILL WILL WILL
WORK WORK WORK WORK
FELLOW FELLOW FELLOW FELLOW
ALOW ALOW ALOW ALOW
GLOW GLOW GLOW GLOW GLOW
SHOW SHOW SHOW SHOW
SLOW SLOW SLOW SLOW SLOW
(2) 第二组
SX SX SX SX SX SX SX SX
XS XS XS XS XS XS XS XS
LSX LSX LSX LSX LSX LSX
SXL SXL SXL SXL SXL SXL
LXS LXS LXS LXS LXS LXS
XSL XSL XSL XSL XSL XSL
XAN XAN XAN XAN XAN XAN
XY XY XY XY XY XY XY XY
AX AX AX AX AX AX AX AX
EX EX EX EX EX EX EX EX
IX IX IX IX IX IX IX IX
OX OX OX OX OX OX OX
EXACT EXACT EXACT EXACT
EXCEED EXCEED EXCEED EXCEED
EXCEPT EXCEPT EXCEPT EXCEPT
EXIST EXIST EXIST EXIST EXIST
EXTREME EXTREME EXTREME EXTREME

4. 小指范围键

(1) 第一组

QP QP QP QP QP QP QP QP
PQ PQ PQ PQ PQ PQ PQ PQ
;P ;P ;P ;P ;P ;P ;P ;P
P; P; P; P; P; P; P; P;
AQ AQ AQ AQ AQ AQ AQ AQ
QA QA QA QA QA QA QA QA
;PAQ ;PAQ ;PAQ ;PAQ ;PAQ ;PAQ
QAP; QAP; QAP; QAP; QAP; QAP;
P;QA P;QA P;QA P;QA P;QA P;QA
;APQ ;APQ ;APQ ;APQ ;APQ ;APQ
PQ;A PQ;A PQ;A PQ;A PQ;A PQ;A
QPA; QPA; QPA; QPA; QPA; QPA;
A;QP A;QP A;QP A;QP A;QP A;QP
JQAP JQAP JQAP JQAP JQAP
PALE PALE PALE PALE PALE PALE
PAPER PAPER PAPER PAPER PAPER
PEARL PEARL PEARL PEARL PEARL
PEEL PEEL PEEL PEEL PEEL PEEL
PIPE PIPE PIPE PIPE PIPE PIPE
POLAR POLAR POLAR POLAR POLAR
GROUP GROUP GROUP GROUP GROUP
HEAP HEAP HEAP HEAP HEAP HEAP
KEEP KEEP KEEP KEEP KEEP KEEP
PEOPLE PEOPLE PEOPLE PEOPLE
RIPE RIPE RIPE RIPE RIPE RIPE
SOAP SOAP SOAP SOAP SOAP SOAP
QUAD QUAD QUAD QUAD QUAD

QUOE QUOE QUOE QUOE QUOE QUOE
（2）第二组
/Z /Z /Z /Z /Z /Z /Z /Z
Z/ Z/ Z/ Z/ Z/ Z/ Z/ Z/
;/ ;/ ;/ ;/ ;/ ;/ ;/ ;/
/; /; /; /; /; /; /; /;
AZ AZ AZ AZ AZ AZ AZ AZ
ZA ZA ZA ZA ZA ZA ZA ZA
;/AZ ;/AZ ;/AZ ;/AZ ;/AZ ;/AZ
AZ;/ AZ;/ AZ;/ AZ;/ AZ;/ AZ;/
/;ZA /;ZA /;ZA /;ZA /;ZA /;ZA
ZA/; ZA/; ZA/; ZA/; ZA/; ZA/;
A/;Z A/;Z A/;Z A/;Z A/;Z A/;Z
;ZA/ ;ZA/ ;ZA/ ;ZA/ ;ZA/ ;ZA/
Z;/A Z;/A Z;/A Z;/A Z;/A Z;/A
/AZ; /AZ; /AZ; /AZ; /AZ; /AZ;
ZEAL ZEAL ZEAL ZEAL ZEAL
ZERO/ ZERO/ ZERO/ ZERO/ ZERO/
ZINE/ ZINE/ ZINE/ ZINE/ ZINE/
ZOOLKGY/ ZOOLKGY/ ZOOLKGY/ ZOOLKGY/
CRAZY CRAZY CRAZY CRAZY
BREEZE/ BREEZE/ BREEZE/ BREEZE/
DIZZY DIZZY DIZZY DIZZY
FUSSY/ FUSSY/ FUSSY/ FUSSY/ FUSSY/
MUZZLE MUZZLE MUZZLE
FROZEN/ FROZEN/ FROZEN/ FROZEN/
5. 范围键中数字键的指法练习
1234567890 1234567890 1234567890 1234567890 1234567890
2464 2464 2464 2464 2464 2464

0310 0310 0310 0310 0310 0310 0310
9128 9128 9128 9128 9128 9128
5775 5775 5775 5775 5775 5775 5775
DC69 DC69 DC69 DC69 DC69 DC69
LY41 LY41 LY41 LY41 LY41 LY41 LY41
ZO07 ZO07 ZO07 ZO07 ZO07 ZO07
MW83 MW83 MW83 MW83 MW83 MW83 MW83
128 BITES 128 BITES 128 BITES 128 BITES 128 BITES
ON THE 47 ON THE 47 ON THE 47 ON THE 47 ON THE 47
DATA 39 DATA 39 DATA 39 DATA 39 DATA 39

练 习 题

一、填空题

1. 主键盘区的 8 个基本键位分别是_____，_____。

2. 左手无名指负责的键有_____，右手无名指负责的键有_____。

二、简答题

1. 简述正确的录入操作姿势。

2. 简述录入操作的基本原则。

三、操作题

1. 练习录入英文短文。

Twinkle, twinkle, little star,
How I wonder what you are!
Up above the world so high,
Like a diamond in the sky!

Twinkle, twinkle, little star,
How I wonder what you are!

When the blazing sun is gone,
When nothing shines upon,
Then you show your little light,
Twinkle, twinkle, all the night.

Twinkle, twinkle, little star,
How I wonder what you are!

Then the traveller in the dark,
Thanks you for your tiny spark,
He could not see which way to go,
If you did not twinkle so.

Twinkle, twinkle, little star,
How I wonder what you are!

In the dark blue sky you keep,
And often through my curtains peep,
For you never shut your eye,
Till the sun is in the sky.

Twinkle, twinkle, little star,
How I wonder what you are!

As your bright and tiny spark,

> Lights the traveller in the dark,
> Though I know not what you are,
> Twinkle, twinkle, little star.

2. 练习录入英文，注意大小写的切换。

> Stanislas Wawrinka beats Andy Murray at US Open
> **US Open, Flushing Meadows**
> **Dates**: 30 August – 12 September **Start time**: 1600 BST
> By Piers Newbery
> **Britain's Andy Murray made a shock third-round exit at the US Open after suffering a dramatic slump against 25th seed Stanislas Wawrinka.**
> Murray served for a two-set lead at one stage but fortunes shifted wildly as erratic form and injury problems saw both men take and lose the initiative.
> And with the Scot frustrated and struggling physically, Wawrinka prevailed 6–7 (3–7) 7–6 (7–4) 6–3 6–3.
> The Swiss will play American 20th seed Sam Querrey in the last 16.
> "He played better than me," said Murray afterwards. "There's not a whole lot more to it. He had a chance to win the first set; didn't take it. I had a chance to win the second set; didn't take it. I just struggled from then on."
> And asked why he fell away in the closing stages, the world number four added: "I was disappointed that I was struggling physically. I tried to find a way to come back. Didn't quite do it."
> Wawrinka came into Sunday's match as a heavy underdog against the fourth seed, who was tipped by most to challenge for a first

Grand Slam title over the next week.

But after three hours and 56 minutes in the Louis Armstrong stadium Murray was a shadow of his recent self, unable to move freely after twice requiring treatment to his left thigh and struggling to keep his temper in check.

Wawrinka had also called for the trainer to strap his thigh during a bizarre third set that saw both men appear close to retirement at one stage, but the Swiss proved the stronger in the closing stages.

His attacking style had given Murray problems from the start and, after saving four break points in game two, he broke serve in the following game and moved impressively to 5 - 2 with six aces and 20 winners.

But serving for the set the pressure told and the winners dried up, allowing Murray back into the match as he reeled off three games in a row.

The Scot then dominated the tie-break, despite an angry outburst at 2 - 0 when he felt a call of "Allez!" from Wawrinka had contributed to him missing a drop shot.

A purple patch followed and a sweeping forehand winner and inch-perfect backhand lob gave Murray a break for 2 - 0 in the second set, but there were many more twists and turns to come.

Murray played a desperately loose game at 3 - 1 to drop serve and, after breaking once more for 5 - 3, saw Wawrinka get the deficit back again with some of the carefree hitting he had shown earlier.

The Briton was clearly fuming at having let the chance slip away and his frustration was evident in the tie-break as Wawrinka took charge from the outset, moving 4 – 1 up and closing it out with a sharp serve-volley.

Things got even worse for Murray in the third set as he began to struggle physically and failed to chase down balls that he would normally have returned with relish, and the trainer was called when he trailed 4 – 1.

After the briefest of attention to his thigh the focus immediately shifted to Wawrinka, who appeared to cramp at the other end and took a medical timeout to get his thigh strapped.

It was the Swiss who came out much the stronger from the bout of medical treatment and he served out for a two-sets-to-one lead before breaking at the start of the fourth, with Murray now playing from way behind the baseline.

There was another twist in this strangest of matches when Wawrinka fired a forehand long in the following game to hand the break straight back, but a magnificent drop shot in game five helped the Swiss regain the advantage and this time he held on.

Murray was left bent over in either pain or frustration at one point, looking forlornly at his supporters' box, although he bravely recovered from 0 – 40 to stay alive in game seven.

It did not seem impossible that Wawrinka might get tight when serving for the match but he avoided that potential drama by breaking again to seal an unexpected and extraordinary victory.

"I think all my game was pretty good, it was one of my best matches for sure," said Wawrinka. "I was very aggressive. I was doing everything really good so I'm very happy.

"I think at the end of the first set I was playing a little bit too defensive. That's what I started to change in the second and third and fourth sets, to stay aggressive, even if he's coming, even if he's putting a lot of pressure.

"But I have the feeling he was a little bit injured, he was not feeling OK, so I was trying to stay aggressive and to make him run a lot and I think I did pretty well."

第4单元 汉字输入法

模块一 汉字的输入

学习目标：
1. 了解汉字输入的方式
2. 掌握在 Windows 中激活汉字输入法
3. 掌握 Windows 中汉字输入法的切换

汉字的处理实际上体现在两个方面：其一是汉字的输入；其二是汉字的输出。汉字输入是由键盘、鼠标操作与屏幕显示等设备配合实现的；汉字输出是由显示器和打印机来实现的。

一、汉字输入法概述

汉字编码就是按照一定的规则，对指定的汉字集内的元素也就是汉字，编制相应的代码。汉字编码的发展，从总体来说是从无规律到有规律，从难记到易记，从低效到高效，从复杂到简单。随着计算机运算速度的提高和存储容量的扩大，汉字输入技术也趋向于更简单、更高效。

目前在汉字输入方式中，除了常用的键盘输入方式以外，还有语音输入方式、手写输入方式以及扫描识别方式等。

语音输入方式是指人们对着话筒讲话，计算机屏幕上自动显示出对应的语句。目前，由于受讲话人音频、音量和口音等因素的影响，这种输入方式的准确率和口音识别率还有待提高，但其应用前景十分广阔。

手写输入方式是借助于与计算机连接的笔触感应板和智能应

用软件，将手写的汉字输入计算机。

扫描识别方式是通过扫描设备将书面资料输入计算机，它是将图文资料成批快速地输入计算机的最佳手段。

运用键盘的汉字输入方法有十几种，最常用的有区位码输入法、拼音码输入法、五笔字型输入法等，大体上可以分为如下几类：

1. 分类序号汉字输入法，如国标码、区位码、电报码输入法等。这种方法不会发生重码，效率也很高，但是记忆量太大。

2. 拼音及笔画汉字输入法，如各类拼音码、五笔画、笔形码、智能 ABC、微软拼音输入法等。这种方法易掌握，入门快，但是编码较长，重码较多，效率低。

3. 拼形码汉字输入法，如首尾码、钱码、五笔字型、表形码输入法等。这种方法重码较少，便于输入，但是不容易掌握，而且易忘。

4. 音形结合码及形音结合码汉字输入法，如声韵部形码等。这种方法由于发展得不完美，因而较难学，记忆量又很大，规律性也差。

5. 音形立体混合码汉字输入法，如自然码。这种方法以拼音为基础，易学，重码少而且智能化，所以能提高输入的效率。

汉字输入法的种类很多，用户只需熟练掌握其中一种即可。

二、激活汉字输入法

要输入汉字，必须先激活某种汉字输入法。在中文 Windows 环境中，单击任务栏上的"输入法"按钮，在弹出的输入法列表中选择一种输入法。

1. 中/英文输入方式切换

在中文 Windows 环境中，用鼠标单击"输入法状态框"图左端的"中/英文切换"按钮，当该按钮显示字母"A"时可输入英文；再次单击该按钮，又切换到中文输入方式。

注意：

中/英文切换也可以通过按 Ctrl + Space 快捷键来实现。

2. 半角/全角方式的切换

在中文 Windows 环境中，用 Shift + Space 键进行全角/半角方式的切换。

三、全拼输入法

全拼输入法是以汉语拼音为基础，将单字、双字、多字及词组融为一体的输入法。Windows XP 提供的全拼输入法采用除字母"V"之外的 25 个英文字母作为外码，每个英文字母与基本拼音字母对应，另外用英文字母"V"代替汉语拼音"ü"。

选择全拼输入法后，用户依次键入字词的汉语拼音（外码），相应的单字或词组即出现于候选框中，然后键入所需字或词的序号即可。对于候选框中序号为 1 的单字或词组，也可以按空格键选取。如果在候选框中见不到所需的字或词，则可使用翻页按键前后翻页查找。

全拼输入法支持查询键"?"号，可替代有效编码的所有汉字，见图 4—1。

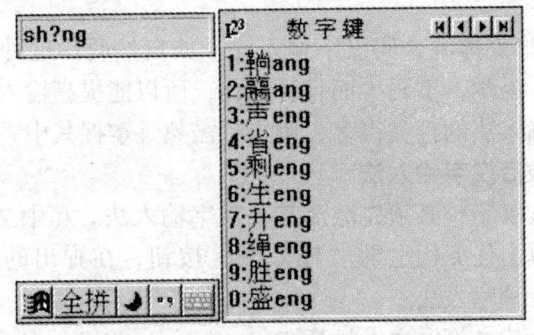

图 4—1　使用查询键进行全拼输入

四、双拼输入法

Windows XP 内置的双拼输入法简化了全拼输入法，只用两码输入一个汉字，第一码为声母，第二码为韵母。双拼输入法共使用 27 个外码，即"a ~ z"及"；"。在双拼输入法中，声母、韵母与键位的对应关系见图 4—2。

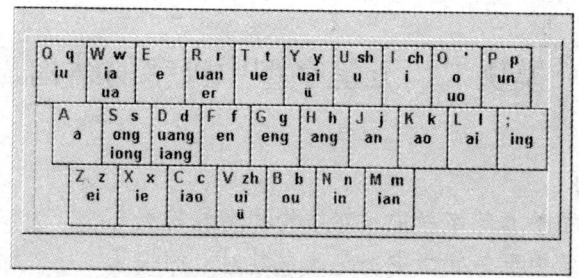

图4—2 双拼输入法键位图

选择双拼输入法后,输入汉字的双拼码,相应的单字或词即显示于候选框中,然后键入所需的字或词的序号即可。例如,要输入"长"字,可键入"i h",然后在候选框中选择1即可,见图4—3。

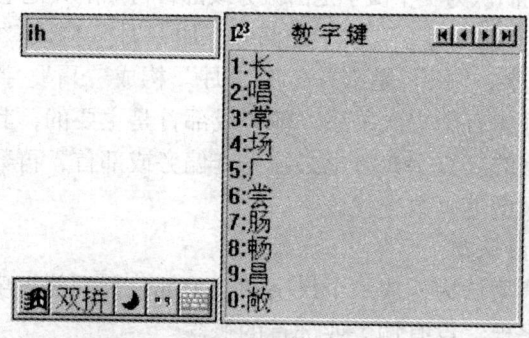

图4—3 使用双拼输入法

五、五笔字型输入法

五笔字型输入法是一种根据汉字字型进行编码的输入方法,它具有以下特点:重码少,基本不用选字;字词兼容,字词之间无需换挡;字根优选,键盘布局合理。五笔字型输入法使用广泛,将在后面重点加以介绍。

模块二 五笔字型中汉字的结构

学习目标：
1. 了解五笔字型中汉字结构和字根的概念
2. 掌握五笔字型中的笔画及其对应的编号
3. 掌握五笔字型中汉字的字型及其对应的编号

一、五笔字型对汉字构成的认识

学习五笔字型，首先要对汉字的构成有一个新的认识。

1. 传统的认识

以前我们认为一个汉字是由偏旁或部首再加上其他笔画组成的。例如，"明"字，"日"是偏旁，加"月"构成"明"字。"胃"字，"田"是部首，加"月"构成"胃"字。

这里好像有个主次关系，偏旁或部首是主要的，其他部分是附属于部首的。查字典时也必须先查偏旁或部首，再数其他部分的笔画，根据笔画数查找该字。

2. 新的认识

五笔字型认为构成一个汉字的几个部分是同等重要的，每个部分即为字根，没有偏旁或部首的概念。

例如，"照"字，如果查字典，会先查部首"灬"，然后数上面部分的笔画，查出这个字。而在五笔字型中，"照"字被认为是由同等重要的"日""刀""口""灬"4个字根组成的。

二、字根

1. 字根的概念

字根是汉字之本的意思。一个汉字就像是一个家庭，而字根就相当于一个家庭成员。一个家庭由几个成员组成，每个成员都是组成家庭的基本单位，同时每个成员又都是一个独立的个体。

在五笔字型中，字根被认为是组成汉字的最基本的单位，是一个独立的个体，不应再被拆分。

2. 字根的种类

在五笔字型中，从字根的角度来观察汉字，将千千万万的汉字归纳起来后可以发现，虽然汉字千变万化，但构成汉字的字根却可以划分为有限的种类，这就是五笔字型的字根图上所排列的130个基本字根，以及根据基本字根派生出来的一些小字根。实际上这种对汉字的认识同我们对自然界的认识是一致的。自然界中的物质千姿百态，但组成物质的元素却只有元素周期表上有限的100多种。

3. 要注意的问题

在这里需要注意的一个问题是：汉字的字根并不等同于我们平时所说的偏旁或部首。比如"新"字，它的偏旁是"亲"，但在五笔字型中，这个"亲"并不是字根，而应将它再拆成"立"和"木"，"立"和"木"才是字根。

也有相反的情况，比如"交"字，部首为"亠"，而在五笔字型中，"亠"和"八"合在一起形成"六"，"六"可以视为一个字根。

注意：

不要将字根的概念与偏旁部首混淆起来。字根是五笔字型的基本输入单位，不可再分。这里的不可再分，是指在进行汉字编码时，以字根为单位进行编码，不再将字根分成更小的几个部分进行编码。但是作为字根本身，它又是由笔画构成的。

三、笔画

1. 笔画的概念

严格地说，笔画是指书写汉字时，从落笔到起笔之间一次写成的一个连续不断的线段。这就是常说的一笔一画的含义，一笔写成的才能叫一画。

我们可以形成这样一种认识：一个汉字是由一个或几个字根

组成的,字根是对汉字进行编码的基本单位;而每一个字根又是由一个或几个笔画组成的,笔画不是汉字编码的基本单位。这样就形成了三个层次:笔画——→字根——→单字。

五笔字型是形码,它根据汉字的书写顺序,用若干个字根拼形编码。也就是说,把单字拆分为字根来编码,而不是把汉字肢解为单笔画。以字根为基本单位,这是五笔字型编码的基本思想。笔画起一个识别的作用,这种识别作用所需要的信息就是笔画的种类。

2. 笔画的种类

汉字的笔画千变万化,种类繁多。为了化繁为简,便于编码和记忆,并结合键盘的使用,五笔字型输入法将汉字的笔画归纳为五类:横、竖、撇、捺、折。

在五笔字型对笔画的五大类划分中,所包含的笔画有一些并不是我们通常意义上所理解的横、竖、撇、捺、折,而是为了编码方便,将一些类似的笔画放在了一起。因此在这里,横、竖、撇、捺、折就有了一个新的定义(见表4—1)。

表4—1　　　　　汉字五种笔画

代号	笔画名称	笔画走向	笔画及其变型
1	横	左→右	一 ˊ
2	竖	上→下	丨 亅
3	撇	右上→左下	丿 ノ ˊ ˋ
4	捺	左上→右下	丶 ˋ
5	折	带转折	乙 乚 𠃌 乚 一 ㄋ 𠃋

按照这个定义作为划分笔画种类的标准,所有的汉字笔画在五笔字型中就被划分为五大类。

3. 笔画的编号

所有的汉字笔画都可以归结到上述五类中。按照五种笔画在汉字中出现频率的高低,依次将这五类笔画编号:如表4—1,代号"1"就代表"横",而"折"就用代号"5"来表示。这样,所有的汉字笔画就可以划分为五大类,分别用1,2,3,4,5来表示。

将汉字的笔画进行分类和编号,目的是对汉字起到一种识别的作用,这种识别作用所提供的信息是五笔字型编码中的一个重要内容。但是仅有笔画的识别作用是不够的,还需要对汉字的另外一些构成特征加以分析,才能为五笔字型的汉字编码提供一个完整的信息,这就是下面要讨论到的汉字的字型。

四、汉字的字型

1. 字型的概念

汉字的字型是指组成汉字的各个字根之间的位置关系,也就是我们通常所说的汉字的间架结构。

2. 字型的种类

从汉字的整体上来观察一下汉字的间架结构,会发现组成每一个汉字的字根之间的位置关系可以归纳为左右型、上下型和杂合型3类。其中,杂合型的汉字也叫独体字。

3. 笔画间的关系

字根间的位置关系构成汉字的字型,而字根的笔画之间也有一定的关系,这些关系可以归纳为以下三类。

(1) 散。一个字根的笔画与另一个字根的笔画之间没有任何交叉或相连,这种位置关系叫做散。

(2) 连。一个字根的笔画与另一个字根的笔画在一点上连在一起,这种位置关系叫做连。

(3) 交。一个字根的笔画与另一个字根的笔画交叉在一起,这种位置关系叫做交。

一般左右型、上下型的汉字,其字根间的笔画都是散的关系,而杂合型的汉字字根间的关系则比较复杂,可能是散的关系,也可能是连或交的关系。但一般字根的笔画间如果存在着连或交的关系,则这个汉字是杂合型的。

4. 字型的编号

如同对笔画的描述一样,汉字的字型种类也按照出现频率的高低来编号(见表4—2)。

表4—2　　　　　　汉字字型代号

字型代号	字型	字例
1	左右	汉湘结到
2	上下	字室花型
3	杂合	困凶这司乘本重天且

左右型和上下型的汉字在我们平时的文章中是最常见的,因此编号在前。杂合型是一种比较复杂的字型,之所以称之为杂合型,是因为这种汉字的笔画有连和交的现象。例如,"果"字是由"日"和"木"两个字根组成的,这两个字根的笔画是有交叉的,所以"果"字是杂合型的字。这样,所有汉字的字型就可以用1,2,3三个代号来表示。

5. 字型的识别

汉字是一种平面文字,同样的几个字根,摆放位置不同,就会形成不同的汉字。如"口"与"八"两个字根,如果左右摆放,是"叭";如果上下摆放,是"只"。如果不从字型上加以区分,那么计算机将会认为这是两个完全相同的字。由此看出,字型是汉字输入时的重要特征信息,它和笔画一样,对汉字起到一种识别的作用。

在汉字的三种字型中,左右型和上下型比较好掌握,难点在于杂合型,尤其是杂合型与上下型的区分。要解决好这个问题,关键要记住以下几点:

(1)凡单笔画与字根相连者或带点结构都视为杂合型。

1)单笔画与字根相连的字,如"自""产""入""主""且""千""不""下""尺"等都是单笔画与字根相连,它们是杂合型,这样,在末笔识别中,它们的字型代号都是3。而"矢""卡""严"等是上下型,因为它们不是单笔画与字根相连的。另外,单笔画与字根间有明显间距的不认为是相连,如"个""少""鱼""孔""旧""幻""旦"等。

2)带点结构在五笔字型里也规定是相连的,如"勺""术""太""主""义""头""斗"等,它们的字型代号都是3。

(2)内外字型(全包或半包)属杂合型,如"困""同""国"等字都是杂合型,但"见"字为上下型。

(3)含两个字根且相交者为杂合型,如"东""串""电""本""无""农""里"等。

(4)单纯的带"辶"的字为杂合型,如"进""逞""远""过"等。

(5)以下各字为杂合型:"司""床""厅""龙""尼""式""后""反""处""办""皮""死""疗""压"等。而相似的下列字则是上下型:"右""左""有""看""布""包""友""冬""灰"等。

> **注意:**
> 汉字拆分和编码是五笔字型的最基本的内容,只有掌握了这两部分内容,才能最终学会用五笔字型输入汉字。

在学习这两部分内容之前,还需要对五笔字型下的字根键盘有充分的了解,因为最终是要通过键盘来输入汉字的。

模块三 五笔字型的字根键盘

学习目标:
1. 了解字根键盘的分区划位
2. 掌握字根与键盘的对应关系
3. 熟记字根助记词

一、字根键盘的概念

我们平时所用的微机键盘是标准键盘，26个英文字母键在西文状态下可以输入各种语法命令。但是在五笔字型输入法中，每一个字母代表的不再是字母本身，而是代表了某一个字根，顺次输入几个字母，实际上是顺次输入了几个字根，五笔字型会将由这几个字根组成的汉字显示在屏幕上。这就出现了一个问题，英文字母只有26个，但五笔字型的基本字根就有130个。显然26个字母与130个字根不可能是一一对应的。一个字根必须由一个字母代表，但一个字母却可以代表几个字根。五笔字型规定，在26个英文字母中，除"z"外，其他25个字母代表130种字根，但不是平均分布，而是有的字母代表的字根多，有的字母代表的字根少。将字母和字根联系起来，那么字母在键盘上的键位也就是字根所在的键位。这些字根并不是随意在25个字母键上分布的，而是有着比较严格的规律。

字根键盘图见图4—4。

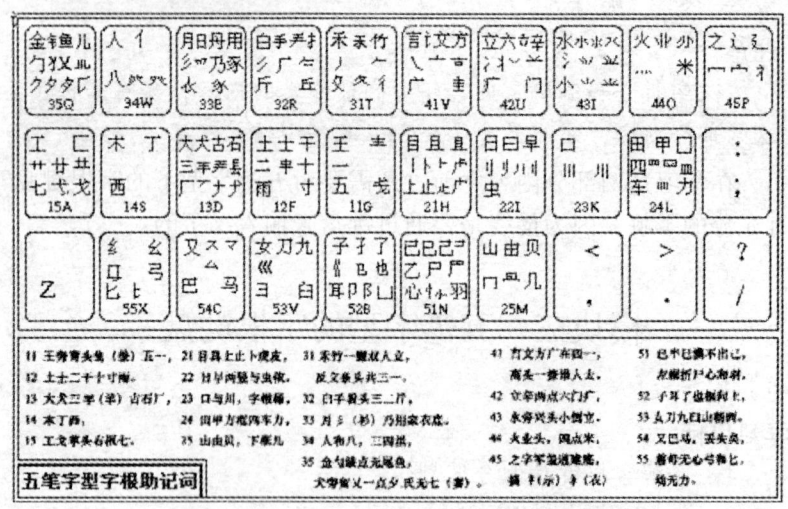

图4—4　五笔字型字根键盘图及助记词

如何记住这 130 多个字根及其在键盘上的分布呢？了解键盘的分区划位，以及字根在键盘上的分布规律就很有必要。

二、键盘的分区划位

基本字根按首笔笔画分为五个区。

第一区，横起笔区，五个键分别：g, f, d, s, a。

第二区，竖起笔区，五个键分别：h, j, k, l, m。

第三区，撇起笔区，五个键分别：t, r, e, w, q。

第四区，捺起笔区，五个键分别：y, u, i, o, p。

第五区，折起笔区，五个键分别：n, b, v, c, x。

每个区又分为五个位。根据使用频率，位号从键盘中部向两边放射排列，共 25 个键位。每个键位都被赋予一个中文键名。这 25 个键名分别是：

王 (g)	土 (f)	大 (d)	木 (s)	工 (a)
目 (h)	日 (j)	口 (k)	田 (l)	山 (m)
禾 (t)	白 (r)	月 (e)	人 (w)	金 (q)
言 (y)	立 (u)	水 (i)	火 (o)	之 (p)
已 (n)	子 (b)	女 (v)	又 (c)	纟 (x)

三、字根分布规律

每个键位上，除了键名字根之外，还有 2~6 种字根。这些字根的位号按如下规律确定：

1. 位码与次笔画代号一致。例如：

王：首笔是横，故在 1 区；次笔是横，故在 1 区 1 位。

白：首笔是撇，故在 3 区；次笔是竖，故在 3 区 2 位。

石：首笔是横，故在 1 区；次笔是撇，故在 1 区 3 位。

文：首笔是点，故在 4 区；次笔是横，故在 4 区 1 位。

之：首笔是点，故在 4 区；次笔是折，故在 4 区 5 位。

纟：首笔是折，故在 5 区；次笔是折，故在 5 区 5 位。

2. 位码与字根的笔画数目一致。例如：

三：首笔是横，故在 1 区；共有三个笔画，故位码为 3。

女：首笔是折，故在5区；共有三个笔画，故位码为3。

基本字根除了按以上的规律分配于键盘上之外，还有一部分字根按形态相近的规律安放于键盘上。

3. 字根的形态与键名相近。例如：字根"主"及"五"形态上与键名"王"相近，故这两个字根就放在"王"键上。

字根"曰""罒""虫""早"形态上与键名"日"相近，故这几个字根就放在"日"键上。

4. 与主要字根形态相近或渊源一致的字根放在同一键上。例如：把"氵""氺""水"都放在"水"键上；把"辶""廴"放在"之"键上；把"扌""尹""手"放在同一个键上；把"阝""卩""耳"放在同一个键上。

> **注意：**
> 130个基本字根绝大多数都有规律地分配在键盘上，但也有个别例外，其笔画特征与所在区、位号不符合，且缺乏字根间的联想性。例如："车"与"力"放在"24 l"键上。"心"放在"51 n"键上。

四、字根助记词

为了便于字根的记忆，五笔字型中有一套比较形象和读来押韵的助记词（见图4—3），大家可以像背诗那样将它背下来。但在背之前，先要理解在助记词中所隐含的字根，这样才能关联记忆。比如，3区1位的助记词"禾竹一撇双人立，反文条头共三一"一句，第一个字"禾"就是3区1位键的键名字；后面"竹"字指的是字根"竹"；"一撇"指的是所有符合"撇"的定义的单笔画字根；"双人立"指的是字根"彳"；"反文"指字根"夂"；"条头"指"夂"。这些字根共同位于3区1位的T键上。

由此可以看出，每个键位的助记词的第一个字都是这个键的键名字。每个键上都有一些小的字根，由于它们和大字根十分相像，因此就依附在大字根旁边，在助记词中也就没有一一列举出来。而除键名字以外的大字根，利用拆字或谐音的方法在助记词中都列举出来了。

> **注意：**
> 　　大家在背助记词之前要先读懂助记词，在理解的基础上加以记忆。

模块四　汉字的拆分

学习目标：
1. 了解键内字和键外字
2. 掌握汉字的拆分原则

一、键内字和键外字

如果大家注意观察一下字根总表，就可以发现在这张表上的130个字根中，实际上有一些字根本身就是一个汉字。因此可以这样说，一张字根总表将汉字分为两大类：一类是字根总表中有的汉字；一类是字根总表中没有的汉字。前一类汉字可以在五笔字型的字根键盘中找到，因此被称为"键内字"；后一类汉字就称为"键外字"。键内字本身就是一个字根，按照汉字拆分到字根一级就不再拆分的原则，这样的汉字就不必要再拆分了。前面讲过，字根是由笔画组成的，所以本身是一个字根的汉字，它的输入就要依靠笔画的拆分，只要掌握了笔画的定义，将一个笔画与另一个笔画区分开是一件很容易的事。

这一节主要是学习字根表内没有的键外字的拆分，这些键外字的共同特点是，它们都是由两个或两个以上的字根组成的。

二、拆分原则

对键外字进行拆分时，应遵守如下原则。

1. 遵从字的书写顺序

将键外字拆分成若干个字根时，一定要按照正确的书写顺序进行。

2. 优先取大

按书写顺序拆分汉字时，应以"再添一个笔画便不能称其为字根"为限，每次都拆取一个尽可能大的字根，即尽可能笔画多的字根。这个原则是一个在汉字拆分中最常用到的基本原则。当然，这个尽可能大的字根一定也是在字根总表中有的字根，不能跳出五笔字型字根总表内的字根范围。比如"章"字，有如下两种拆分：

章　　　立　日　十
章　　　立　早

这两种拆分方法中，第二种拆分是正确的。因为"日"和"十"可以合成一个更大的字根"早"。当拆出的两个字根可以合成一个键盘上有的更大的字根时，就应当将它作为一个字根来处理。这就是优先取大原则。

3. 兼顾直观

在拆分汉字时，为了照顾汉字字根的完整性，有时不得不暂且牺牲一下"书写顺序"或"优先取大"的原则，形成个别例外的情况。比如"国"字，有如下两种拆分：

国　　　冂　玉　一
国　　　口　玉

如果遵照"书写顺序"的原则，第一种拆分方法是正确的。但是这样的拆分方法破坏了汉字的直观结构和汉字构成的本来意义，"国"本身就是"围起来的城"的含义，因此不应将"口"拆开。所以为照顾直观，应按照第二种方法拆分。像这样的全包围结构的汉字，都不应将全包围部分拆开处理。

4. 能连不交

当一个字既可拆成相连的几个字根，也可拆成相交的几个字根时，五笔字型认为相连的拆法是正确的。因为一般来说，"连"比"交"更为直观。

例如：　　　　错误　　　　正确
　　于　　　　二　丨　　　一　十
　　天　　　　二　人　　　一　大
　　丑　　　　刀　二　　　⁻　土

第二种拆分之所以正确，是因为拆分出的字根之间的位置关系是相连的，笔画没有交叉。而第一种拆分出的字根的笔画间都有交叉。按照"能连不交"的原则，第二种拆分正确。

5. 能散不连

有些汉字，组成它们的几个字根间的关系有时候不好判断，有些是模棱两可的，当遇到这种情况时，五笔字型输入法规定：能将字型判断为散的就不作相连来处理。

如"占"字，拆分出"卜"和"口"两个字根，如果认为这两个字根之间是相连的关系，就会将它看作杂合体的汉字；而如果认为这两个字根是散的关系，则会将它看作上下型的汉字，这在后面识别编码时会有所不同。依照"能散不连"的原则，认为将"占"看作上下型是正确的。

注意：
　　以上就是键外字拆分时所需要遵循的 5 条原则。而实际上，最常用的原则是前 2 条，用得上后 3 条的字只是极少数。

三、拆分注意事项

拆分汉字时，只有拆分得正确，才能保证编码工作的正确。在拆分汉字时，要注意两点：

1. 拆分出的字根必须是五笔字型字根总表中有的字根

比如，"院"，必须拆成"阝""宀""二""儿"4 个字根，而不能拆成"阝""宀""元"3 个字根，因为"元"在五笔字型中不是一个字根。

2. 拆分汉字时必须按照正确的原则进行，不能随意拆分

比如，"果"拆分成"日"和"木"是对的，而拆分成"田"和"木"则是错的。

学习五笔字型，最主要的是要学习单个汉字的输入，只有掌握了单个汉字的输入方法，才能学好以后的词组输入。下面就来学习五笔字型中单个汉字的输入方法。这里所讲的汉字输入方法，也就是汉字的编码方法。

注意：
五笔字型汉字编码方法要求对每个汉字的编码最多只有4码，可以少于4码，但不能超过4码，超过4码的部分无效。

模块五　五笔字型的汉字编码

学习目标：
1. 掌握键名字和成字字根的编码方法
2. 掌握键外字的编码方法
3. 了解汉字编码的流程

一、键内字的编码

前面我们讲过了，按照五笔字型的字根总表，可将千千万万的汉字分为字根总表中有的汉字（也叫键内字）和字根总表中没有的汉字（也叫键外字）。这两类汉字的编码方法是不相同的。我们先来学习键内字的编码方法。

1. 键名字的编码

仔细观察五笔字型的字根键盘，在每个键的左上角都有一个比这个键上别的字根字体黑且大的字根，这个字根也是助记词中的每个键打头的字根。除 X 键上的"纟"外，其余 24 个键上的这个位置上的字根都是汉字，这个汉字就是这个键上的键名字。

输入键名字的方法是将该键名字所在的键连击4下，即可得到这个键名字。所以键名字的编码就是该键名字所在的键位代码重复4次。

例如，"王"字是1区1位上的键名字，因此"王"字的编码就是：11　11　11　11，对应的字母是：G G G G。所以连敲4下G键，即可以得到"王"字。

再如，"木"字的编码：14 14 14 14，S S S S，"水"字的编码：43 43 43 43，I I I I。

注意，这里用大写字母表示对应的键位，在实际输入时，应输入小写字母。

2. 成字字根的编码

在一个字根键上不是键名字的那些既是字根又是汉字的键内字就叫做成字字根。成字字根也是汉字，它的编码方法与键名字明显不同。

成字字根的编码如下。

第一码：成字字根所在的键位代码；

第二码：组成成字字根的笔画中第一个笔画所在的键位代码；

第三码：组成成字字根的笔画中第二个笔画所在的键位代码；

第四码：组成成字字根的笔画中最末一个笔画所在的键位代码。

也就是说，在输入成字字根时，首先要敲一下这个成字字根所在的键位，形象地说，这个步骤也可以叫做报户口，将成字字根所在的键位先报告一下。

成字字根仅是由一个字根组成的，因此不能再拆分出字根。前面提过字根是由笔画构成的，因此成字字根的输入需要对笔画进行拆分，按照书写顺序将成字字根拆分成一个个的单笔画，将笔画所在的键位代码顺次输入。前面也曾经讲过单笔画所在的键位是这样规定的：以单笔画的种类代号作为其所在的区号，而它所在的位号就是所在区的第一位。因此，可以说，所有归于横类的笔画都在1区1位上，所有归于竖类的笔画都在2区1位上，所有归于撇类的笔画都在3区1位上，所有归于捺类的笔画都在4区1位上，所有归于折类的笔画都在5区1位上。

按照上面的编码规则来看下面的例子。

西（1区4位上的成字字根）

第一步，报户口。"西"这个成字字根在1区4位上，所以编码的第一码为14，是S键。

第二步，将"西"拆分成一个一个的单笔画，按照五笔字型对笔画的分类，"西"是由"一""｜""丁""丿""乚""一"6个笔画组成的。

第三步，"西"字的第二个码应该是组成它的第一个笔画所在的键位代码，也就是"一"的键位代码，在1区1位上，所以"西"字的第二个码是11，也就是G键。

第四步，第三个码是第二个笔画"｜"所在的键位代码，2区1位，所以"西"的第三个码是21，也就是H键。

第五步，"西"字的第四个码，也就是最后一码，并不是顺次排下的"西"字的第三个笔画所在的键位代码，而是最后一个笔画的键位代码，这是需要引起大家注意的，因为五笔字型要求一个汉字的编码最多不能超过4码，因此"西"字的编码不能按笔画顺次排下去，而是只取第一、二和最后一个笔画。这样，"西"字的最后一个编码就是最后一个笔画"横"所在的键位代码11，也就是G键。

至此，"西"字的编码完成了，即

西　14　11　21　11
　　　S　G　H　G

有些成字字根刚好是由3个笔画组成，加上报户口的第一码正好4码，如"上""寸""门"等。但是还有许多成字字根的笔画是相当少的，有时只有两画，即使都用来编码也凑不够4

码，比如下面几个字：

　　组成笔画
　　丁　　　一　　　｜
　　八　　　丿　　　㇏
　　一　　　一

像这些成字字根，本身只由一个或两个笔画组成，即使加上报户口的第一码也只有 2 码或 3 码，这符合五笔字型的编码原则吗？答案是肯定的。前面说过，五笔字型要求汉字的编码最多不能超过 4 码，但是却可以少于 4 码，因此像"丁""八""一"这样笔画少的成字字根只要是严格按照五笔字型的编码原则进行的编码，就可以被五笔字型所接受。但是有一个要求，就是当编码少于 4 码时，在编码完毕后要加打一个空格键，目的是告诉系统这个汉字的编码完成了。

注意：
　　如果一个汉字可以编足 4 码，那么系统会自动确认编码工作完成，当不足 4 码时，就必须加打空格键以告诉系统编码工作完成。这个空格键并不算编码的一部分，它只是一个结束标志。

按照这个原则，对上面几个字就可以编码如下：

第一码（报户口）	第二码	第三码	第四码	结束标志
丁　14S	11G	21H	无	空格键
八　34W	31T	41Y	无	空格键
一　11G	11G	无	无	空格键

以上讲述了五笔字型字根总表中键内字的编码方法，虽然键内字只是少数，但由于它的编码方法比起键外字来有其特殊的地方，因此应认真学好这一部分。

二、键外字的编码

比起键内字较复杂的编码方法来说，键外字的编码方法相对容易一些。前面讲过，键外字是五笔字型字根键盘上没有的汉字，是由两个或两个以上的字根键盘内有的字根组成的。因为五笔字型的编码是以字根为基础的,因此在给键外字编码之前必须将它拆分成若干个字根。根据键外字的拆分原则和方法,掌握了键外字的拆分,实际上也就掌握了键外字的编码方法。

键外字也遵循五笔字型编码的规则,对每个键外字的编码最多不能超过4码。

1. 多字根字的编码

多字根字是由4个或4个以上字根组成的汉字。这种汉字有如下编码规则:

第一码:第一个字根所在的键位代码;
第二码:第二个字根所在的键位代码;
第三码:第三个字根所在的键位代码;
第四码:最末一个字根所在的键位代码。

例:

第一码	第二码	第三码	第四码
键 钅	∃	二	又
35Q	53V	12F	45P
照 日	刀	口	灬
22J	53V	23K	44O

2. 少于4个字根的汉字编码

这些汉字是由3个或2个字根组成的(如果是1个字根的汉字则属于键内字了)。它们的编码比起上面多字根字来有些特殊之处,因此在讲述这种字的编码方法之前,我们必须先学习一个在这类字的编码中很重要的概念,这就是识别码。

注意:

识别码,也就是末笔(画)字型识别码,它是由汉字的最后一个笔画的代号作为区码,该汉字的字型代号作为位码构成的一个附加码。

在这里需要对末笔作一下说明。

(1) 汉字中有许多字是全包围或半包围结构的,这些字的末笔往往是包围部分的最后一笔。带"辶"的字,不以"辶"的末笔为末笔,而以去掉"辶"后的部分的末笔为末笔识别码。例如,按照汉字的书写顺序,"过"字最后一笔是"㇏","国"字最后一笔是"口"下面的"一"。但是在五笔字型的编码方法中规定,凡是全包围或半包围结构的汉字,将被包围部分的末笔作为末笔。所以,"过"字的末笔为字根"寸"的最后一笔"丶","国"字的末笔为"丶"。

（2）末字根为力、刀、九、七等时,一律认为末笔画为折。

（3）"我""戈""成"等字的末笔取撇。

掌握了末笔的识别方法后,又如何编识别码呢？

例如"码"字是由"石"和"马"两个字根组成的,不足4码,因此,它的编码就要加一个识别码："码"字的最后一个笔画是"一","一"的代号是1,"码"字是左右型结构的,左右型的代号是1,因此"码"的识别码就是11,也就是G键。

"码"字的完整编码应该是:

    第一码 第二码 第三码（识别码）

码 13D   54C   11G 加打空格键

因为加上识别码后仍不足4码,所以要加打空格键作为结束标志。

上面的编码方法可以总结为下面的表4—3。

表4—3　　　　　　　识别码

识别码		字型（代号）		
		左右型1	上下型2	杂合型3
末笔画代号	横1	11G	12F	13D
	竖2	21H	22J	23K
	撇3	31T	32R	33E
	捺4	41Y	42U	43I
	折5	51N	52B	53V

两字根字的编码方法：
第一个字根的代码＋第二个字根的代码＋识别码

由于两字根字的编码即使加上识别码也不足 4 码，因此在编辑结束后要加打空格键作为结束标志。

例如："字"

第一码　　第二码　　第三码（识别码）
　45P　　　52B　　　12F　　　加打空格键作为结束标志

三字根字的编码方法：
第一个字根的代码＋第二个字根的代码＋第三个字根的代码＋识别码

例如："根"

第一码　　第二码　　第三码　　第四码（识别码）
　14S　　　53V　　　33E　　　41Y

注意：
　　前面所讲的编码都是一个汉字的全码，也就是它全部的编码，这个全码是相对于后面的简码而言的。

三、编码流程图和歌诀

总结前面所讲的汉字编码知识，就可以画出图 4—5 的汉字编码流程图。

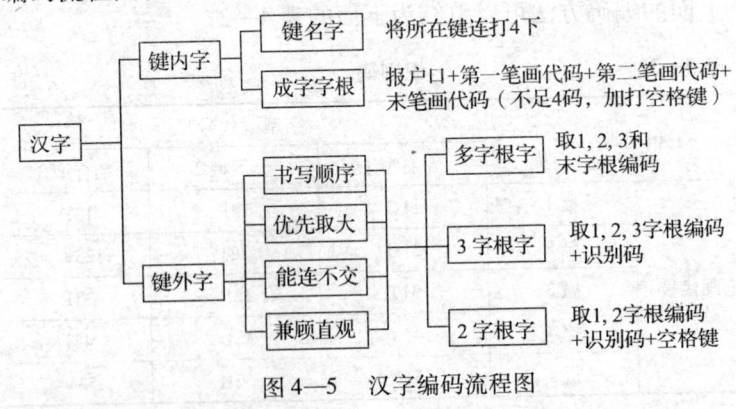

图 4—5　汉字编码流程图

下面的五笔字型单字编码歌诀,可以帮助我们记忆五笔字型的编码方法:

五笔字型均直观,依照笔顺把码编;
键名汉字打四下,基本字根请照搬;
一二三末取四码,顺序拆分大优先;
不足四码要注意,交叉识别补后边。

模块六　简码、重码和容错码

学习目标:
1. 熟记一级简码字
2. 了解助学键的作用

一、简码

为了减少击键次数,提高输入速度,一些常用的字,除可以按其全码输入外,多数都可以只取其前边的1~3码,再加空格键输入它。这就形成了汉字的简码。汉字的简码分一级简码、二级简码和三级简码。

1. 一级简码

一级简码也叫高频字,将各键打一下,再打一下空格键,即可打出25个最常用的汉字。

一(11 g)　地(12 f)　在(13 d)　要(14 s)　工(15 a)
上(21 h)　是(22 j)　中(23 k)　国(24 l)　同(25 m)
和(31 t)　的(32 r)　有(33 e)　人(34 w)　我(35 q)
主(41 y)　产(42 u)　不(43 i)　为(44 o)　这(45 p)
民(51 n)　了(52 b)　发(53 v)　以(54 c)　经(55 x)

2. 二级简码

输入全码的前两个编码再加打空格键就可以输入汉字,这样的编码叫做二级简码，这样的汉字叫做二级简码字。

例： 全码 简码
各 31T 23K 12F 31T 23K
得 31T 21J 11G 12F 31T 21J

二级简码字见表4—4。

表4—4　　　　　二级简码字表

	g f d s a	h j k l m	t r e w q	y u i o p	n b v c x
g	五于天末开	下理事画现	玫珠表珍列	玉平不来	与屯妻到互
f	二寺城霜载	直进吉协南	才垢圾夫无	坟增示赤过	志地雪支
d	三夯大厅左	丰百右历面	帮原胡春克	太磁砂灰达	成顾肆友龙
s	本村枯林械	相查可楞机	格析极检构	术样档杰棕	杨李要权楷
a	七革基苛式	牙划或功贡	攻匠菜共区	芳燕东芝	世节切芭药
h	睛睦盯虎	止旧占卤贞	睡肯具餐	眩瞳步眯瞎	卢眼皮此
j	量时晨果虹	早昌蝇曙遇	昨蝗明蛤晚	景暗晃显晕	电最归紧昆
k	呈叶顺呆呀	中虽吕另员	呼听吸只史	嘛嘀吵喧	叫啊哪吧哟
l	车轩因困	四辊加男轴	力斩胃办罗	罚 较 边	思轨轻累
m	同财央朵曲	由则崭册	几贩骨内风	凡赠峭迪	岂邮凤
t	生行知条长	处得各务向	笔物秀答称	入科秒秋管	秘季限么第
r	后持拓打找	年提扣押抽	手折扔失换	扩拉朱搂近	所报扫反批
e	且肝采肛	胆肿肋肌	用遥朋脸胸	及胶膛爱	甩服妥肥脂
w	全会估休代	个介保佃仙	作伯仍从你	信们偿伙	亿他分公化
q	钱针然钉氏	外旬名甸负	儿铁角欠多	久匀乐炙锭	包凶争色
y	主计庆订度	让刘训为高	放诉衣认义	方说就变这	记离良充率
u	闰半关亲并	站间部曾商	产瓣前闪交	六立冰普帝	决闻妆冯北
i	汪法尖洒江	小浊澡渐没	少泊肖兴光	注洋水淡学	沁池当汉涨
o	业灶类灯煤	粘烛炽烟灿	烽煌粗粉炮	米料炒炎迷	断籽娄烃
p	定守害宁宽	寂审宫军宙	客宾家空宛	社实宵灾之	官字安它

续表

	g f d s a	h j k l m	t r e w q	y u i o p	n b v c x
n	怀导居民	收慢避惭屈	必怕愉懈	心习悄屡忱	忆敢恨怪尼
b	卫际承阿陈	耻阳职阵出	降孤阴队隐	防联孙耿辽	也子限取陛
v	姨寻姑杂毁	旭如舅	九奶婚	妨嫌录灵巡	刀好妇妈姆
c	对参戏	台劝观	矣牟能难允	驻 驼	马邓艰双
x	线结顷红	引旨强细纲	张绵级给约	纺弱纱继综	纪弛绿经比

3. 三级简码

输入全码的前三个编码再加打空格键就可以输入汉字,这样的汉字编码叫做三级简码,这样的汉字叫做三级简码字。

例: 全码 简码
简 31T 42U 22J 12F   31T 42U 22J
输 24L 34W 11G 22J   24L 34W 11G

有时,同一个汉字可有几种简码,例如"经"字,就同时有一、二、三级简码及全码等四种输入码:

一级简码　　　　55X

二级简码　　　　55X　54C

三级简码　　　　55X　54C　15A

全码　　　　　　55X　54C　15A　11G

二、重码

几个五笔字型编码完全相同的字,叫做重码字,这样的编码,叫做重码。

当输入有重码字的汉字编码时,重码的字会同时出现在屏幕下方的提示行中,如所要的字在第1个位置上,则可以只管输入下文,该字会自动跳到光标所在的位置上;如果所要的字不在第1个位置上,则需按与重码前的数字代号相同的数字键来进行输入。在五笔字型中,重码是很少的,又加上重码在提示行中的位置是按其在汉语中出现频率由高到低排列的,常用字总是在前边,所以并不会影响实际输入速度。

三、容错码

容错码有两个含义:一是容易弄错;二是允许弄错。容易弄错的码允许按错的编码输入,这类编码叫做容错码。

容错码主要有以下两种类型:

1. 拆分容错

个别汉字的书写顺序因人而异,因而允许编码错误。

如"长"字

正确码:丿 七 丶 43(识别码)
31 15 41 43

容错码:七 丿 丶 43(识别码)
15 31 41 43

丿 一 丨
31 11 21 41

一 丨 丿
11 21 31 41

2. 字型容错

个别汉字的字型分类不易确定,容易弄错,因而允许编码错误。

例如,"右"字

正确码:13 23 12(识别码,将"右"字视为上下型的汉字)

容错码:13 23 13(识别码,将"右"字视为杂合型的汉字)

在五笔字型中,输入容错码也可以得到所需的汉字。但并不是所有的汉字都有容错码,初学者还应力求掌握每一个汉字的正确编码方法。

四、助学键 Z

五笔字型的 130 个字根分布在 25 个英文字母键上,但 Z 键上没有被分配给任何字根,这是为什么呢?因为 Z 键被用来作为助学键了。正因为它上面没有任何字根,因此,它可以代替任何一个编码出现在需要的地方,帮助我们解决五笔字型编码中的困难。

当对一个汉字进行编码时,如果四个码中的其中一个码不能确定,则可以用 Z 键来代替。这时汉字输入提示行中会出现一系列符合编码要求的汉字,可以从中挑选需要的字。所以 Z 键就像是 DOS 中的通配符号"?","?"可以代替任何一个字符,Z 可以代表五笔字型编码中的任一个码。因此含有 Z 的编码就代表了一批编码,而不是具体的哪一个。要想选择需要的字,只要按一下该字前面的数字所对应的数字键。

另外,当判断不出识别码时,也可以用 Z 键来代替。

模块七 词语的输入

学习目标:
1. 掌握两字词的编码方法
2. 掌握三字词的编码方法
3. 掌握多字词的编码方法

用五笔字型录入汉字可以一个字一个字地逐个录入,但这样录入速度终归是有限的。五笔字型也像其他汉字输入法一样提供了词语的输入方法,而且这种方法相当简便易行,非常好掌握。因为词语的输入法与单字的输入法是统一的,不需要像从拼音输入法到五笔字型输入法那样进行切换,实现了单字和词语的混合录入,这样就可以随意地进行单字和词语的录入,给实际操作带来了极大的方便。另外,词语的编码方案也是以 4 码为标准,输入 4 码即可得到一个词语,并不比敲入单字需要更多的码数,因此，利用词语进行输入可以大大提高汉字录入速度，且不会给五笔字型的使用带来任何麻烦。

在汉语词汇中，组成词语的字数是不固定的，即有的词语是由两个字组成的，有的是由3个字组成的，而有的是由4个或4个以上的字组成的。如果从编码的细小差别来区分，可以将词语分类为2字词、3字词、4字词和多字词。但不管是哪一类词语，它们的编码有一个共同的特点：都是由4个编码组成的，而且必须是4码，不能多也不能少。

一、两字词的编码

两字词的编码方法是从组成词语的两个汉字中按顺序各取每个字的前2个字根，由每个字根代码所组成的编码，一共4码作为两字词的编码。例如：

	各取每个字的前2个字根	编码
管理	竹宀王日	TPGJ
知识	𠂉大讠口	TDYK
操作	扌口亻𠂉	RKWT

二、三字词的编码

三字词的编码方法是从组成词语的3个汉字中的前2个汉字中按顺序各取每个字的第1个字根，然后再取第3个字的前两个字根，由每个字根代码所组成的编码，一共4码作为3字词的编码。

例如：

	取码方法	编码
计算机	讠竹木几	YTSM
解放军	勹方冖车	QYPL
共产党	廿亠小冖	AUIP

三、多字词的编码

多字词是由4个或4个以上的汉字组成的词。它的编码方法是从组成词语的前3个汉字中按顺序各取每个汉字的第1个字根，然后取最末一个字的第1个字根，由每个字根代码所组成的编码，一共4码作为4字词的编码。例如：

	取码方法	编码
五笔字型	五竹宀一	GTPG
操作系统	扌亻丿纟	RWTX
中华人民共和国	口亻人口	KWWL

上面讲述了汉字词语的输入，这种词语输入方法大大提高了汉字录入速度，给操作带来了方便。但是有些进行专业文章录入的用户可能会有这样的体会：有时候在自己录入的专业文章中，常常出现一些比较生僻的词语，在五笔字型的词库中没有这样的词语，只能按单字录入，积累下来就会感到影响录入速度。怎么解决这个问题呢？

由于使用的汉字系统不同，因而解决的方法也各异。可以利用汉字系统中的自造词组的功能来编制一些常用的五笔字型编码的词组。

四、掌握五笔字型输入法的技巧

五笔字型是汉字输入速度较快的一种方法，初学起来似乎觉得有些杂乱，但只要认真学习，抓住规律，并不是很困难的事。学习时应结合上机操作，并注意以下几点：

1. 熟记字根口诀，理解其真正内涵。掌握130多个字根所对应的区位，抓住一些规律性的东西。

2. 熟记一级简码汉字和二级简码汉字，在输入的时候能使用词汇的尽可能使用，以减少击键的次数。

3. 要想拆字必须会写字，因此学习五笔字型者必须掌握汉字的基本笔画、笔顺、书写顺序，间架结构错误的汉字是绝对打不出来的。

4. 掌握拆字原则，多拆多练，最好的方法就是实践。字拆多了自然也就记熟了，速度也相应提高了。为此应做到：

（1）首先把所有与五笔字型等同的汉字偏旁列成一个表反

复看，反复记忆，避免出现拆字根的现象。如果把字根拆了，汉字就打不出来了。

（2）其次就是把所有不是汉字偏旁的五笔字型输入法的字根一一列表，这一表的内容只有在排除上一表的内容的情况下才能使用，例如，不能把"土"拆成"十"和"一"，不要把字根拆散了。

（3）迅速定位。凡横起笔的字迅速在 1 区内找，竖起笔的字在 2 区内找，撇起笔的字在 3 区内找，捺起笔、折起笔的字以此类推，区与位对应起来不要搞错。

5. 键盘指法与五笔字型汉字输入方法紧密相关，只有指法正确、熟练，汉字才能输入得快，因此不要小看键盘指法与练习。

> **注意：**
> 尽管减少击键次数能提高输入速度，但不能忽视空格键的使用。如果在输入过程中丢掉空格键，不但会影响速度，而且还会造成更大的误差。

练 习 题

一、填空题

1. 字根键盘的划分

（1）在下列字母后的横线上填入其在五笔字型中对应的区位号码。

D_____ L_____ I_____ O_____ W_____
P_____ C_____ M_____ Q_____ X_____
G_____ Y_____ H_____ T_____ A_____
K_____ S_____ E_____ R_____ U_____
N_____ F_____ J_____ V_____ B_____

（2）在下列区位代号后面的横线上填入其所对应的字母键。

11 ____	21 ____	31 ____	41 ____	51 ____
12 ____	22 ____	32 ____	42 ____	52 ____
13 ____	23 ____	33 ____	43 ____	53 ____
14 ____	24 ____	34 ____	44 ____	54 ____
15 ____	25 ____	35 ____	45 ____	55 ____

（3）在下列字根的后面标上其所在的区位代号及对应的字母键，并标出哪些字根是键名字，哪些字根是成字字根。

王____ 白____ 川____ 土____ 了____ 十____
大____ 三____ 木____ 五____ 西____ 工____
廾____ 目____ 古____ 匕____ 日____ 刂____
七____ 虫____ 口____ 田____ 干____ 甲____
寸____ 力____ 山____ 门____ 匚____ 厂____
禾____ 丁____ 彳____ 夂____ 白____ 弋____
斤____ 扌____ 月____ 彡____ 乃____ 止____
人____ 金____ 车____ 八____ 用____ 幺____
丶____ 囗____ 立____ 几____ 卜____ 门____
疒____ 水____ 小____ 火____ 灬____ 米____
乏____ 已____ 羽____ 勹____ 尸____ 子____
方____ 也____ 阝____ 乙____ 山____ 女____
刀____ 辛____ 彐____ 又____ 巴____ 马____
厶____ ____ 纟____

2. 汉字的拆分及编码

（1）下面的这组汉字，有些是五笔字型中的键名字，有些是成字字根，有些是键外字，练习区别这几种字，将键名字和成字字根的汉字作上记号。将键外字拆分成若干正确的字根。

王____ 岸____ 暗____ 吧____ 五____ 土____
罢____ 伴____ 扮____ 榜____ 包____ 干____
十____ 大____ 本____ 何____ 蔽____ 进____
辈____ 便____ 兵____ 三____ 石____ 木____

乘＿＿　病＿＿　膊＿＿　西＿＿　工＿＿　步＿＿
布＿＿　补＿＿　餐＿＿　参＿＿　曹＿＿　策＿＿
册＿＿　七＿＿　目＿＿　察＿＿　单＿＿　拆＿＿
超＿＿　陈＿＿　场＿＿　畴＿＿　上＿＿　日＿＿
厨＿＿　出＿＿　早＿＿　口＿＿　纯＿＿　词＿＿
刺＿＿　粗＿＿　存＿＿　带＿＿　低＿＿　川＿＿
田＿＿　颠＿＿　世＿＿　定＿＿　斗＿＿　渡＿＿
有＿＿　车＿＿　力＿＿　山＿＿　丢＿＿　围＿＿
发＿＿　由＿＿　几＿＿　禾＿＿　番＿＿　风＿＿
活＿＿　复＿＿　歌＿＿　告＿＿　庚＿＿　白＿＿
恭＿＿　手＿＿　官＿＿　孤＿＿　电＿＿　果＿＿
斤＿＿　月＿＿　函＿＿　耗＿＿　喝＿＿　乃＿＿
用＿＿　人＿＿　横＿＿　魂＿＿　监＿＿　八＿＿
金＿＿　减＿＿　紧＿＿　诫＿＿　夕＿＿　言＿＿
声＿＿　搅＿＿　方＿＿　立＿＿　键＿＿　盘＿＿
段＿＿　区＿＿　印＿＿　辛＿＿　水＿＿　任＿＿
事＿＿　首＿＿　看＿＿　着＿＿　小＿＿　火＿＿
宿＿＿　髓＿＿　侠＿＿　嫌＿＿　米＿＿　之＿＿
羞＿＿　翔＿＿　每＿＿　已＿＿　密＿＿　面＿＿
命＿＿　乙＿＿　羽＿＿　子＿＿　南＿＿　物＿＿
睦＿＿　年＿＿　了＿＿　也＿＿　女＿＿　谋＿＿
末＿＿　未＿＿　九＿＿　刀＿＿　又＿＿　那＿＿
知＿＿　收＿＿　束＿＿　马＿＿　匕＿＿　朔＿＿
野＿＿　丑＿＿

（2）下面的这组汉字，有些是五笔字型中的键名字，有些是成字字根，有些是键外字。按照五笔字型中汉字编码方法，将这些字的编码写在它对应的横线上。注意给汉字编码时字根的取舍方法及识别码的编制方法。

王＿＿　岸＿＿　暗＿＿　吧＿＿　五＿＿　土＿＿

罢___	伴___	扮___	榜___	包___	干___
十___	大___	本___	何___	蔽___	进___
辈___	便___	兵___	三___	石___	木___
乘___	病___	膊___	西___	工___	步___
布___	补___	餐___	参___	曹___	策___
册___	七___	目___	察___	单___	拆___
超___	陈___	场___	畴___	上___	日___
厨___	出___	早___	口___	纯___	词___
刺___	粗___	存___	带___	低___	川___
田___	颠___	世___	定___	斗___	渡___
有___	车___	力___	山___	丢___	围___
发___	由___	几___	禾___	番___	风___
活___	复___	歌___	告___	庚___	白___
恭___	手___	官___	孤___	电___	果___
斤___	月___	函___	耗___	喝___	乃___
用___	人___	横___	魂___	监___	八___
金___	减___	紧___	诫___	夕___	言___
声___	搅___	方___	立___	键___	盘___
段___	区___	印___	辛___	水___	任___
事___	首___	看___	着___	小___	火___
宿___	髓___	侠___	嫌___	米___	之___
羞___	翔___	每___	已___	密___	面___
命___	乙___	羽___	子___	南___	物___
睦___	年___	了___	也___	女___	谋___
末___	未___	九___	刀___	又___	那___
知___	收___	束___	马___	匕___	朔___
野___	丑___				

二、简答题

1. 简述字根在键盘中分布的规律。

2. 成字字根的编码与一般汉字有什么不同？
3. 二字词、三字词和多字词的编码有什么相同和不同？
三、操作题
1. 全码输入汉字
（1）按五笔字型输入汉字的编码规则输入以下单字。

人为门地个用工时动以分会作来分生对学级一义就年阶成部
民可出能方进行面说度多种自命而后革过谈加社小机经济力电线
钱本高得现理急电水深化着实家定幂所政量重二三四起好十干占
元农使性反等体合斗路图把结团第粑使前正新开物特论之当两从
些还天队应变育思想事如样向点其制资批形皆心都关与间内去因
件利日由仄气业代员数变全果组助导基文马条人领位器皿源立指
质习放运度流孔克但次认识涌较公军接情况并任持你仇洒必热烈
政象友报主调光什安静东南北光观百保守手处修志么被科技给供
服务联结集豪缘温暖

（2）输入下列加识别码汉字。

翟皑艾岸敖扒笆把坝柏败拌剥卑钡狈叉备卡铂仓草厕贫扯撕
毁尘程驰尺斥钒犯坊肪仿访飞吠奋忿粪封拂伏父讣改甘杆竿赶秆
冈杠皋告恭汞勾钩苟钾笺肩奸茧贱见涧饯秸动戒诫巾今筋仅京惊
井炯酒巨句眷卷抉诀钧君卡苗庙灭闽牡亩拈尿捏聂牛农弄疟呕判
刨匹票近粕扑朴栖奇乞泣迄扦午千升圣什矢屎仕市谁私宋诵岁她
坍口叹讨套誊贴汀廷童头秃徒吐推吞驮享泄芯锌刑杏兄沤朽穴血
驯丫岩阉厌壮状谆卓啄孜仔自走足易混平半夹与书片专乂毛才太
了来世身事长垂重曲面州为发严承永离禹凹凸未元声去云套奋页
故有矿泵厄杆苦草苗蕊卡里旱足固回连岩见千升自利疗油灶农异
改尺飞孔孟召隶她奴幼乡纹弄吾盏歹玛圭卉址刊昔茧匣芹艾贾枚
柏极杰札本甘戎戒晒冒申蛊旷蚊曳吐咕吠叮叭兄喑叹邑囚轧贱冉
巾肪孕舀钍仁仁付伏佬仆佣父仿仔仓仇仓鱼句钾铀钡铂勿钥久锌
勾庄讣卞兆泣洱粕宋冗穴宰刁丑眉忻翌尿屎忌孜耶奸尹刃丸圣驭
驯叉予驰驭毋刑敖琼赶坤坍霍动奎砧厕酥配票框椎巧蕾芜葫恭苟

芦荸虏虾明晾蛹吁抉拂腮债佳会伏倡促忏仰佯岔忿昏钟钒狈锈钬
卵犯钓钧钩饯刨饵诫旅讫湘泄涅溅尚洗雀渔沤涧漏粪炯烂礼怯惜
悼惶翟惊忙买屑坠聂君妒忍绣

（3）输入下列常用单字。

的一是在了不和有大这主中人上为们地个用工时要动国产以
我到他会作来分生对于学下级就年阶义发成部民可出能方进同行
面说种过命度革而多子后自社加小机也经力线本电高量长党得实
家定深法表着水理化急电现所二起政三好十战无农使性前等反体
合斗路图把结第里正新开论之物从当两些还天资事队批如应形想
制心样干都向变关点育重其思与间内去因件日利相由压员气业代
全组数果期导平各基或月毛然问比展那它最及外没看治提五解系
林者米群头意只明四道马认次文通但条较克又公认领军流入接席
位情运器并飞原油放立题质指建区验活众很教决特此常石强极土
少已根共直团统式转别造切九你取西持总料连任志观调七么山程
百报更见必真保热委手改管处已将修支识病象几先老光专会六型
具示复安带每东增则完风回南广劳轮科经打积车计给节做务被整
联步类集号列温装即毫知轴研单色坚据速防史拉世设达尔场织历
花受求传口断况采精金界试规斯近注办布门铁需走议县兵固除般
引齿千胜细影济白格效置推空配士身紧液派准斤角降维板许破述
技消底床田热端感往神便贺村构照容非候草何树肥继右属市严径
螺检左页抗苏显苦英快称坏移约巴材省黑武培短划剂宣环落首尺
波承粉践府

2. 简码、词组的输入

（1）下列汉字都是简码字，有些是一级简码，有些是二级
简码，有些是三级简码，将这些汉字按照它们的简码输入到计算
机中。

一级简码字

一 地 在 要 工 上 是 中 国 同 和 的
有 人 我 主 产 不 为 这 民 了 发 以 经

二级简码字

明 参 时 间 部 分 代 此 因 事 作 肖
籽 学 胸 第 充 经 节 宽 离 杰 防 下
处 理 管 定 义 右 大 陆 呼 率 李 秒
站 曾 卫 寻 线 引 张 九 用 伯 你 信
六 冰 普 米 降 车 七 牙 玉 平 来 驻

三级简码字

缟 辑 音 简 码 替 算 彐 合 体 易 将
库 着 看 其 带 便 准 者 仿 任 何 需
输 识 组 球 渡 容 混 布 绝 况 标 位
语 视 和 序 设 超 技 数 系 自 软 件

(2) 词组及文章的输入。

1) 下面是一些汉语词组, 将它们按照词组的编码方法在心中编码, 然后输入到计算机中。

计算 程序 技术 经济 安全 汉字 北京 电脑 物理 化学
数学 南京 上海 教授 科学 力量 记录 方向 操作 处理
管理 系统 计算机 打印机 操作员 解放军 生产率 共青团
工程师 西安市 电视机 四川省 莫斯科 年轻人 实际上 天安门
现代化 运动员 自动化 组织部 中小学 现阶段 联合国 共和国
国务院 马克思 程序设计 科学技术 五笔字型 知识分子
精兵简政 数据处理 社会科学 少先队员 人民政府 振兴中华
莫名其妙 叶公好龙 中国共产党 全国人民代表大会 军事委员会
中国人民解放军 中华人民共和国 广西壮族自治区

2) 将下面这段文字输入到计算机中, 注意能用词组编码输入的地方不要将它拆成单个的汉字输入, 单个的字可以用简码输入的就用简码输入。

荷塘月色

朱自清

这几天心里颇不宁静。今晚在院子里坐着乘凉,忽然想起日日走过的荷塘,在这满月的光里,总该另有一番样子吧。月亮渐渐地升高了,墙外马路上孩子们的欢笑,已经听不见了;妻在屋里拍着闰儿,迷迷糊糊地哼着眠歌。我悄悄地披了大衫,带上门出去。

沿着荷塘,是一条曲折的小煤屑路。这是一条幽僻的路;白天也少人走,夜晚更加寂寞。荷塘四周,长着许多树,蓊蓊(wěng)郁郁的。路的一旁,是些杨柳,和一些不知道名字的树。没有月光的晚上,这路上阴森森的,有些怕人。今晚却很好,虽然月光也还是淡淡的。

路上只我一个人,背着手踱(duó)着。这一片天地好像是我的;我也像超出了平常的自己,到了另一个世界里。我爱热闹,也爱冷静;爱群居,也爱独处。像今晚上,一个人在这苍茫的月下,什么都可以想,什么都可以不想,便觉是个自由的人。白天里一定要做的事,一定要说的话,现在都可不理。这是独处的妙处,我且受用这无边的荷香月色好了。

曲曲折折的荷塘上面,弥望的是田田的叶子。叶子出水很高,像亭亭的舞女的裙。层层的叶子中间,零星地点缀着些白花,有袅娜(niǎo,nuó)地开着的,有羞涩地打着朵儿的;正如一粒粒的明珠,又如碧天里的星星,又如刚出浴的美人。微风过处,送来缕缕清香,仿佛远处高楼上渺茫的歌声似的。这时候叶子与花也有一丝的颤动,像闪电般,霎时传过荷塘的那边去了。叶子本是肩并肩密密地挨着,这便宛然有了一道凝碧的波痕。叶子底下是脉脉(mò)的流水,遮住了,不能见一些颜色;而叶子却更见风致了。

月光如流水一般，静静地泻在这一片叶子和花上。薄薄的青雾浮起在荷塘里。叶子和花仿佛在牛乳中洗过一样；又像笼着轻纱的梦。虽然是满月，天上却有一层淡淡的云，所以不能朗照；但我以为这恰是到了好处——酣眠固不可少，小睡也别有风味的。月光是隔了树照过来的，高处丛生的灌木，落下参差的斑驳的黑影，峭楞楞如鬼一般；弯弯的杨柳的稀疏的倩影，却又像是画在荷叶上。塘中的月色并不均匀；但光与影有着和谐的旋律，如梵婀（ē）玲（英语 violin 小提琴的译音）上奏着的名曲。

荷塘的四面，远远近近，高高低低都是树，而杨柳最多。这些树将一片荷塘重重围住；只在小路一旁，漏着几段空隙，像是特为月光留下的。树色一例是阴阴的，乍看像一团烟雾；但杨柳的丰姿，便在烟雾里也辨得出。树梢上隐隐约约的是一带远山，只有些大意罢了。树缝里也漏着一两点路灯光，没精打采的，是渴睡人的眼。这时候最热闹的，要数树上的蝉声与水里的蛙声；但热闹是他们的，我什么也没有。

忽然想起采莲的事情来了。采莲是江南的旧俗，似乎很早就有，而六朝时为盛；从诗歌里可以约略知道。采莲的是少年的女子，她们是荡着小船，唱着艳歌去的。采莲人不用说很多，还有看采莲的人。那是一个热闹的季节，也是一个风流的季节。梁元帝《采莲赋》里说得好：

于是妖童媛（yuàn）女，荡舟心许；鹢（yì）首徐回，兼传羽杯；櫂（zhào）将移而藻挂，船欲动而萍开。尔其纤腰束素，迁延顾步；夏始春余，叶嫩花初，恐沾裳而浅笑，畏倾船而敛裾（jū）。

可见当时嬉游的光景了。这真是有趣的事，可惜我们现在早已无福消受了。

于是又记起，《西州曲》里的句子：

采莲南塘秋，莲花过人头；低头弄莲子，莲子清如水。

今晚若有采莲人，这儿的莲花也算得"过人头"了；只不见一些流水的影子。这令我到底惦着江南了。——这样想着，猛一抬头，不觉已是自己的门前；轻轻地推门进去，什么声息也没有了，妻已睡熟好久了。

一九二七年七月，北京清华园

第 5 单元　Word 文字处理软件的使用

模块一　认识 Word 2002

学习目标：
1. 掌握启动 Word 应用程序的方法
2. 了解 Word 窗口的组成

Word 2002 中文版是 Office XP 中文版的一个重要组件，是功能强大的中文文字处理软件，常用于创建报告、信函、公文、学术论文等各种文档，也可以用来编辑书籍和报刊。

一、Word 2002 的启动和关闭

1. Word 2002 的启动

打开"开始"菜单，选择"所有程序"/"Microsoft Word"命令，即可启动 Word 2002，打开 Word 2002 的窗口（见图 5—1）。

注意：

单击"开始"菜单常用程序栏的"Microsoft Word"命令，或双击桌面上的"Microsoft Word"图标，也可以启动 Word 2002。

2. Word 2002 的关闭

单击 Word 2002 窗口右上角的关闭按钮，弹出"是否保存对文档的修改？"提示框（见图 5—2）。如果用户不想保存，单击"否"按钮，即可关闭 Word 窗口。

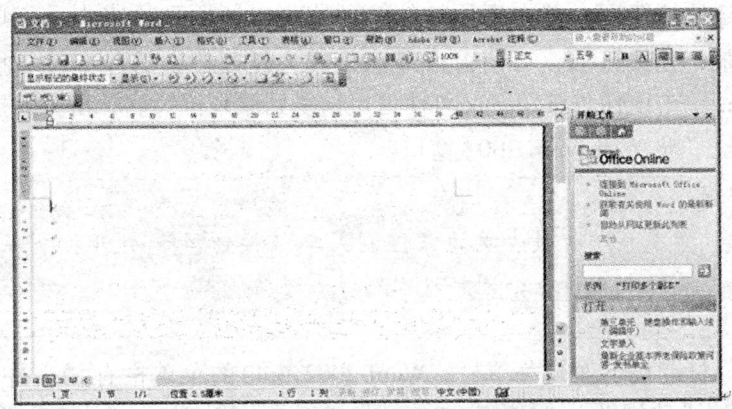

图5—1 Word 2002 的窗口

图5—2 "是否保存"提示框

注意：
单击"控制菜单"按钮，在弹出的控制菜单中选择"关闭"命令，或按 Alt + F4 键，也可以关闭 Word 窗口。

二、Word 2002 的窗口组成

由图5—1可见，Word 2002 窗口由标题栏、菜单栏、工具栏、文档窗口、任务窗格、状态栏组成。

1. 标题栏

Word 2002 窗口最上面是标题栏，和一般 Windows 程序窗口的标题栏一样，由"控制菜单"按钮、文档标题和程序名，以及3个控制按钮（最小化按钮、最大化/还原按钮、关闭按钮）组成。

单击最大化按钮，可使窗口最大化，这时最大化按钮变

· 125 ·

成还原按钮![]；单击还原按钮，可使窗口还原到原来大小。单击最小化按钮![]，可使窗口最小化成为任务栏上的一个任务按钮；单击该任务按钮，又可使窗口恢复到原来位置。单击关闭按钮![]，将关闭 Word 2002 窗口。

> **注意：**
> 单击菜单栏最左端的"控制菜单"按钮![]，打开控制菜单，选择相应命令，同样可以实现上述功能。

2. 菜单栏

标题栏下面是菜单栏。Word 2002 窗口的菜单栏有"文件""编辑""视图""插入""格式""工具""表格""窗口"和"帮助"9 个菜单项，包括了 Word 2002 的全部操作命令。菜单栏右边有一个"键入需要帮助的问题"框（以及"提出问题"下拉按钮）和一个"关闭窗口"按钮×。前者用于提出问题，获取帮助；后者用于关闭当前的文档窗口。

3. 工具栏

菜单栏下面是工具栏。Word 2002 窗口提供 20 多个工具栏。由于窗口空间的限制，在默认情况下，Word 2002 窗口中只显示"常用"工具栏和"格式"工具栏。

> **注意：**
> 要显示或隐藏相应的工具栏，只需在"视图"菜单中单击"工具栏"命令，在显示的子菜单中，选择相应的工具栏即可。例如，单击"图片"工具栏后，其前面显示选中标记"√"，"图片"工具栏就会显示在 Word 窗口中。

4. 文档窗口

文档窗口是 Word 2002 用来编辑 Word 2002 文档的窗口。在文档窗口的四周有水平标尺、垂直标尺、垂直滚动条、水平滚动条。标尺用来显示和设置各种对象的位置；用鼠标左键拖动滚动条，点击或者按住滚动条两端的三角形按钮，可以调整文档在窗口中的显示位置。

在水平滚动条的左边有"普通视图≡""Web 版式视图 ▫""页面视图 ▫""大纲视图 ▫"4 个按钮，分别用来将文档切换到普通视图、Web 版式视图、页面视图、大纲视图模式。

在垂直滚动条的下边有"前一页 ▴""选择浏览对象 ●""下一页 ▾"3 个按钮，用来显示文档的前一页、选择浏览对象和显示下一页。

5. 任务窗格

任务窗格显示 Word 2002 的常用任务，以方便用户的操作。任务窗格是 Office XP 新增加的功能。用户打开 Word 2002 时，文档窗口的右边会出现任务窗格，如图 5—1 所示。单击"任务窗格"标题栏的"关闭"按钮，可以关闭任务窗格。选择"文件"菜单的"新建"命令，或者选择"视图"菜单的"任务窗格"命令，可以打开"新建文件"任务窗格。

6. 状态栏

窗口最下部是状态栏，它显示当前文档的一些信息，如页码、光标位置、录制、修订、扩展、改写状态、语言种类，以及拼写和语法检查的状态等。

模块二　创建和打开文档

学习目标：
1. 掌握创建、打开、保存文档的方法
2. 在文档中输入中文和英文字符

一、创建空白文档

启动 Word 2002 中文版之后，Word 2002 会自动创建一个空白文档，并在标题栏上显示"文档1—Microsoft Word"（见图5—1）。

用户单击"新建文档"任务窗格中"新建"选项区的"空白文档"超级链接,或者单击工具栏上的"新建空白文档"按钮□,可以创建空白文档。

二、输入英文

进入 Word 2002 文档窗口后,用户可以看到编辑区中有一个不停闪烁的短竖线,这就是插入点。初始状态下,插入点光标位置会停留在第一行的第一列。这时,用户就可以开始输入文本了。默认状态为输入英文字母。在键盘上直接敲击字母键,即可输入英文小写字母。按住 Shift 键的同时,再敲击字母键,则输入英文大写字母。也可以按一下 CapsLock 键,以切换大小写字母的输入。

注意:

如果在文本输入过程中发生输入错误,可以按退格键(Backspace)删除插入点左边的字符,按删除键(Delete)删除插入点右边的字符。

1. 添加另一个自然段落

在行文过程中,每个自然段落的结束,都意味着下一段内容的开始。如果需要换一个段落继续输入,可按回车键(Enter),Word 自动在段落末尾添加一个段落标记,并将插入点移动到下一行的起始位置,等待输入另一行文本。在添加或删除文本、改变文本格式或调整页边界时,Word 会自动调整换行符。

在 Word 的页面中输入文字时,系统按默认的版心进行自动换行处理。一个自然段落内容没有输入完成时,不必手工换行操作。切勿人为添加换行符,以免给后期编辑工作带来不必要的麻烦。

每按一次回车键,就会在文档中结束一个段落,另行开始一个新的段落,并在段落的结尾处生成一个特殊标志".",称为段落标记。

注意:

段落标记不是一种可打印的字符,它是一种设置格式——段落格式的字符,所以是一种格式标记。段落不应当单纯理解为只是使文字另起一行排放，它是 Word 文档中的一种排版单位。所以每按一次回车键实际上是生成了一个新的排版单位。

2. 设置即点即输

在 Word 2000 以前的版本中，通常需要从编辑区第一行第一栏开始输入文字，要在其他地方输入文字就必须移动插入点。Word 2002 与 Word 2000 一样，支持即点即输功能，使输入不再受限制，用户在屏幕任意处双击鼠标左键，即可将插入点定位到此处，以输入文本。

例如，打开新的空白文档后，直接在第 9 行中双击鼠标，Word 自动插入回车标记，并将插入点自动移动到第 9 行中，在此处可以直接输入内容。

注意：

要使用即点即输功能，可以选择"工具"下拉式菜单中的"选项"命令，然后单击"编辑"选项卡（见图 5—3）。在"即点即输"下面选中"启用'即点即输'"复选框。

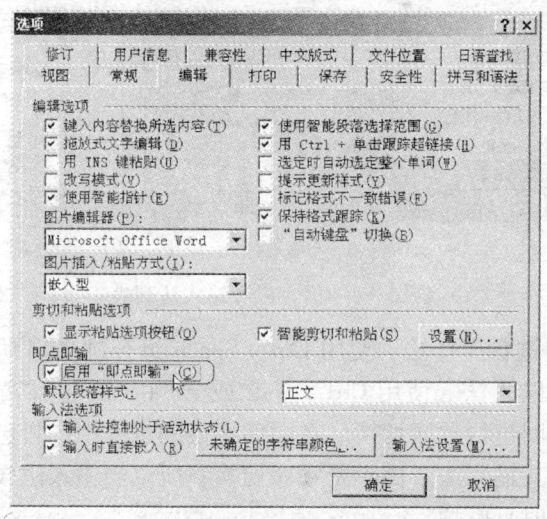

图 5—3 "选项"对话框"编辑"选项卡

三、输入汉字

要输入汉字,就必须先选取一种适合自己的汉字输入法。下面介绍中文输入法的选取和几种常用的中文输入法。

在 Windows XP 中,系统提供了多种中文输入方法。用户不但可以使用 Windows 系统提供的微软拼音、全拼、双拼、区位、智能 ABC 和郑码输入法,也可以安装和使用其他汉字输入法,如五笔字型汉字输入法,还可以使用手写板来输入中文。

1. 输入法的选用

选用中文输入法的方法有下面 2 种:

(1) 鼠标操作法。单击中文 Windows "任务栏"上"语言栏"中的输入法选择按钮,屏幕将弹出一个输入法列表,列表上显示的就是当前系统已安装的输入法(见图 5—4a)。单击用户需要的输入法,此时任务栏上的输入法选择按钮的图标将随着输入法的不同,而做相应的改变。例如,选择微软拼音输入法后,语言栏中将显示微软拼音输入法的图标(见图 5—4b)。

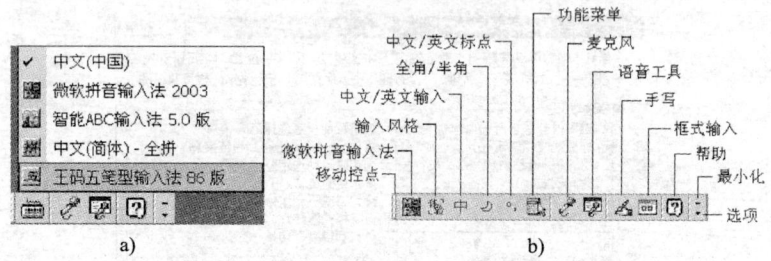

图 5—4　语言栏和输入法列表

(2) 键盘操作法。使用 Ctrl + Space 组合键来启动或关闭选用的中文输入法。使用 Ctrl + Shift 或 Alt + Shift 键在英文和各种输入法之间进行顺序切换。在顺序切换的过程中,自己决定采用哪一种中文输入法。由于是顺序切换,所以当输入法较多时,这种方法费时且麻烦。

2. 使用微软拼音3.0版输入法输入汉字

微软拼音输入法的最大特点是：用户不需要经过专门学习和培训，就可以方便使用并熟练掌握。这种汉字输入技术采用整句转换方式，大大提高了输入效率。

（1）整句智能搭配输入。它的优势在于系统可以自动配句，免去逐字逐词进行同音选择的麻烦。还可以自动调整句中的量词，具有较高的智能组句功能。

例如，通过输入法选择按钮或切换键，选择"微软拼音输入法3.0版"后，输入整句的拼音字母"woyouyizhixiaohuamao"，输入过程中自动显示内容搭配（见图5—5）。

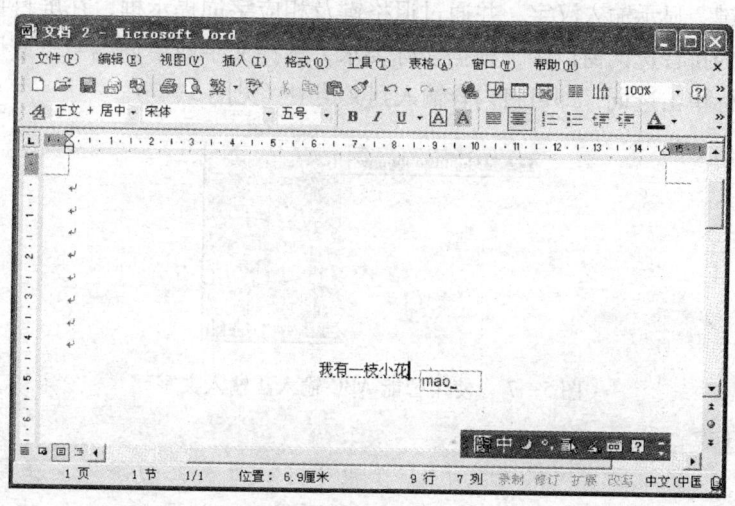

图5—5 用微软拼音输入法输入汉字

完成整句汉语拼音字母的输入后，单击回车键即可。在上述输入过程中，观察自动显示内容搭配的变化。

（2）中英文自动识别输入。利用微软拼音输入法，可以进行中英文的混合输入。例如，在文档中输入"shurufayingwenbiaoshiweiime."输入内容按整句直接显示，且自动识别出英文字母(见图5—6)。

图5—6 自动识别并显示句子中的中、英文内容

3．使用智能 ABC 输入法输入汉字

在语言栏中单击输入法切换按钮，在显示的输入法列表中选择"智能 ABC 输入法5.0"，将切换到智能 ABC 输入法，即可输入中文。

例如，要输入"输入法是输入中文的前提"，可以输入拼音"shurufashishuruzhongwendeqianti"。完成拼音输入后，应该按下空格键，显示输入汉字，并通过退格键及相应字词提示框，在屏幕提供的拼音选词窗口中，根据实际要求，选择文字或单词编号，或用鼠标单击选词，即可将内容输入到文档中（见图5—7）。

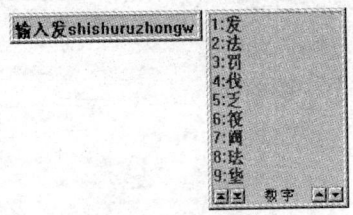

图5—7 使用智能 ABC 输入法输入文字

注意：
　　显示区一次仅能显示10个重码字，不需要的字又不在其中时，就只能在拼音选词窗口中翻页了。

翻页的方法有两种，一种是用鼠标来操作，另一种是用键盘来操作。

用鼠标来翻页，只需用鼠标在拼音选词窗口中单击"下一页""上一页""回到首页""回到末页"按钮，就可以了。找到需要的字或词所在的页，用鼠标单击该字或词即可输入，也可以键入该字或词前面的数字来选择它。

用键盘操作,则按"Page Up""Page Down"键就可以实现翻页了。

4. 使用五笔字型输入法输入汉字

五笔字型属于表形输入法的一种,汉字输入过程中,可利用键盘按字根的组合拼成汉字。五笔字型输入法的特点是:不必知道拼音即可输入,速度快、重码率低,但掌握它需要熟练记住字根与键位的对应,以及掌握单字和词语的编码方法。

例如,输入"社会",其输入窗口和输入法状态条见图5—8。

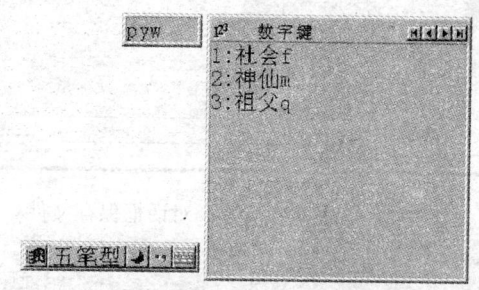

图5—8　五笔字型输入法窗口和状态条

四、保存文档

文档录入完成之后,选择"文件"/"保存"命令,或按快捷键Ctrl+S,或单击"常用"工具栏上的"保存"按钮进行保存。因为是第一次保存该文件,磁盘上还没有该文件的记录,将打开"另存为"对话框(见图5—9)。

在该对话框的"保存位置"文本框中输入保存文件的位置,可以使用默认位置"我的文档";也可以单击下拉按钮,选择一个文件夹保存;还可以单击"另存为"对话框工具栏的"新建文件夹"按钮,新建一个文件夹来保存文件。Word 2002支持Word文档(*.doc)、Web页(*.htm,*.html)、文档模板(*.dot)、RTF格式(*.rtf)等6种保存文件类型。用户可在

"保存类型"下拉列表框中选择一种文件类型,这里选择"Word文档(*.doc)"类型。在"文件名"文本框中输入保存的文件名。然后单击"保存"按钮进行保存。

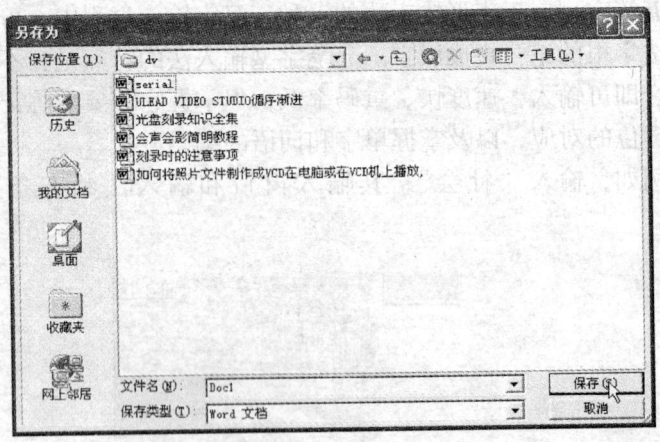

图5—9 打开"另存为"对话框保存文件

注意:
如果文件已经保存过,选择"保存"命令时,将以原来的文件名和文件类型,保存在原来的位置,而不出现上述对话框。如果要改变文件名或文件类型或保存位置,应该选择"文件"/"另存为"命令,打开"另存为"对话框,以新的文件名或文件类型或路径保存即可。

五、关闭文档

完成对文档的操作之后,可以将打开的文档关闭。关闭文档有两种方法。

1. 只关闭文档,不关闭 Word 2002 程序窗口

单击菜单栏最右端的"关闭窗口"按钮×,或者选择"文件"/"关闭"命令,可以只关闭当前文档窗口,而不关闭 Word 2002 程序窗口。如果 Word 同时打开了多个文档,将切换到另一文档。

2. 同时关闭文档和 Word 2002 程序窗口

单击标题栏最右端的"关闭"按钮，或者选择"文件"/"退出"命令，或选择控制菜单中的"关闭"命令，可以同时关闭当前文档和 Word 2002 程序窗口。

注意：

如果在关闭文档之前对文档进行过操作而未保存，在关闭文档时会弹出如图 5—2 所示的提示框，询问"是否保存对文档的修改？"如果需要保存，单击"是"按钮将文档保存；如果不需要保存，单击"否"按钮即可；如果单击"取消"按钮，则放弃关闭操作返回编辑状态。

六、打开已有文档

打开已存放在磁盘上的 Word 文档，有多种方法。

1. 双击磁盘上的 Word 文档的图标

已有的 Word 文档都存放在磁盘的某一个文件夹中，可以打开"我的电脑"或"资源管理器"，定位到存放该 Word 文档的文件夹，然后双击该 Word 文档的图标，即可启动 Word 应用程序，同时打开该 Word 文档。

2. 打开最近使用的 Word 文档

打开"开始"菜单，单击"我最近的文档"，在弹出菜单中将列出最近使用的所有文档（默认为 15 个文档）。在列表中单击所需要的 Word 文档，即可启动 Word 并打开该文档。

已经启动 Word 以后，也可以打开所需的 Word 文档。

（1）通常在"文件"菜单下部都会列出最近使用过的 Word 文档（默认为 4 个），用户单击某一个文档即可打开。

（2）最近使用过的 Word 文档也会列在"新建文档"任务窗格中。用户选择"文件"/"新建"命令，打开"新建文档"任务窗格，在"打开文档"选项区单击要打开的文档名称即可。

3. 使用"打开"对话框

如果要打开不在最近使用的文档列表中的文档，可以使用"打开"对话框，根据文档的位置和名称找到所需文档并将其打开。

选择"文件"/"打开"命令，或单击"常用"工具栏的"打开"按钮，或单击"新建文档"任务窗格的"打开文档"选项区的"其他文档"超级链接，显示"打开"对话框（见图5—10）。

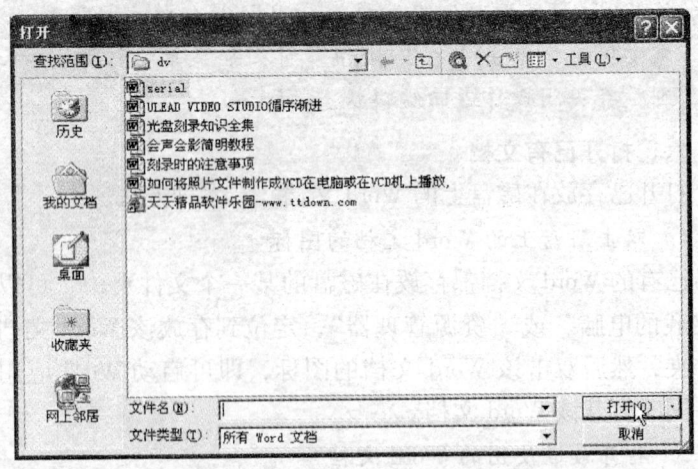

图5—10 "打开"对话框

在"查找范围"下拉列表框中，单击下拉按钮，选择要打开的文档所在的磁盘、文件夹。在"文件类型"下拉列表框中选择要打开的文件类型。然后再在对话框中查找并选中要打开的文档。最后单击"打开"按钮，打开所选择的文档。

注意：

如果要以"只读方式"或"副本方式"打开，或者用浏览器打开Web文档，或者要在打开文档的同时进行修复，可单击"打开"按钮右侧的下拉按钮，在下拉菜单中选择相应的选项。

模块三　文　本　编　辑

学习目标:
1. 掌握用鼠标和键盘配合选择文本的方法
2. 掌握插入和改写状态的切换方法
3. 掌握在文档中移动、复制和删除文本的操作
4. 掌握撤销、恢复、重复操作在文档编辑中的作用

　　Word 文档的编辑包括文本的选定、修改、插入、移动、复制、删除、恢复、重复、查找和替换等操作。

一、选定文本

在 Word 中,要对文档进行编辑、排版,首先要选定文本对象,然后再选择相应的操作。可以用鼠标和键盘两种方式来选定文本。

1. 用鼠标选定文本

可以拖动鼠标选定文本,还可以利用选定栏选定文本。

（1）拖动鼠标选定文本。用鼠标指向待选文本的第一个字符,按下鼠标左键拖动鼠标,直到待选文本的最后一个字符,释放鼠标后即可将此段连续文本选定,呈反白状态显示。

拖动鼠标也可以选定几段不连续的文本。先按住鼠标左键选定第一段文本,然后按住 Ctrl 键,再按住鼠标左键依次选定其他几段文本,最后释放 Ctrl 键和鼠标左键即可。

（2）利用选定栏选定文本。文档窗口左边界到正文左边界之间的空白区域叫做选定栏。当鼠标移到选定栏后,光标变成右上箭头,利用选定栏可以进行多种选定文本操作。

将鼠标移到选定栏中一行的左侧,单击就可选定该行。

将鼠标移到选定栏中一行的左侧,按住鼠标左键拖动,可以

选定连续多行。

将鼠标移到选定栏中一段的左侧,双击就可选定该段。

> **注意:**
> 按住 Ctrl 键,将鼠标移到选定栏中单击,可以选定整篇文档;或者在选定栏中快速三击鼠标左键,或者选择"编辑"/"全选"命令,都可以选定整篇文档。

(3)扩展选定文本。首先将鼠标定位到待选文本的第一个字符前面单击,再用鼠标双击选中状态栏上的"扩展"指示器使之变黑,然后将鼠标移到待选文本的最后一个字符后面单击,即可选定该段文本。操作完成之后,要再次双击"扩展"指示器或按 Esc 键,关闭扩展模式。

更简单的方式是先将鼠标在待选文本的第一个字符前面单击,再按住 Shift 键,将鼠标在待选文本的最后一个字符后面单击,即可选定该段文本。

(4)用鼠标选定文本的其他方法。按住 Ctrl 键用鼠标在任意句中单击可以选定该句;在任意段中快速三击鼠标左键可以选定该段;按住 Alt 键的同时按住鼠标左键拖动可以选定一个矩形文本块。

2. 用键盘选定文本

Word 2002 中也可以用键盘选定文本,主要是使用 Shift、Ctrl 和方向键的组合键来实现,常用选定文本的快捷键见表 5—1。

表 5—1 选定文本的快捷键

快捷键	功能
Shift + →	向右选定一个字符
Shift + ←	向左选定一个字符
Shift + ↑	向上选定一行

续表

快捷键	功能
Shift + ↓	向下选定一行
Ctrl + Shift + →	选定内容扩展至下一单词开头或下一子句开头
Ctrl + Shift + ←	选定内容扩展至上一单词末尾或上一子句末尾
Ctrl + Shift + ↑	选定内容扩展至段首
Ctrl + Shift + ↓	选定内容扩展至段尾
Shift + Home	选定内容扩展至行首
Shift + End	选定内容扩展至行尾
Ctrl + A	选定整篇文档

3. 取消文本选定状态

用鼠标在文档其他地方单击，可取消文本选定状态。

二、插入与改写

1. 插入文本

在状态栏的"改写"指示器处于灰色状态时，表示此时是文本插入状态。将鼠标移到需要插入文本的地方单击，此处出现一个闪烁的光标，然后输入文本，插入在光标位置。

2. 改写文本

如果有一段文本需要改写，可以先选定这段文本，使之处于反白状态，然后输入新的文本，新文本将自动替换原来的文本，达到改写文本的目的。

也可以先将光标定位到要改写文本第一个字符前面，再用鼠标双击状态栏的"改写"指示器或按 Insert 键激活改写模式（"改写"指示器变成黑色），表示此时处于文本改写状态，这时输入的文本将自动替换原来文本。

注意：

双击"改写"指示器或按 Insert 键可以切换"改写"指示器的插入或改写状态。

三、删除、移动和复制文本

1. 删除文本

将光标定位到要删除文本的地方,用 Backspace 键可删除光标左边的字符,用 Delete 键可删除光标右边的字符。

也可以先选定要删除的文本,然后选择"编辑"/"剪切"(Ctrl+X)命令,或单击工具栏的剪切按钮,或按 Delete 键,即可将选定的文本删除。

2. 移动和复制文本

移动文本最简单的方法,是选定需要移动的文本,然后将鼠标指向该文本按下鼠标左键,将此文本拖放到目标位置即可。该方法特别适合于文档内近距离移动文本。复制文本的操作与此相同,只是在拖动文本的同时,需要按住 Ctrl 键,到达目标位置后,先释放鼠标左键,再释放 Ctrl 键,即可将选定的文本复制到目标位置。

如果要在文档中长距离地移动文本,可以使用 Windows 剪贴板。首先选定需要移动的文本;再选择"编辑"/"剪切"(Ctrl+X)命令,或在选定文本上单击鼠标右键,从快捷菜单中选择"剪切"命令,或单击工具栏"剪切"按钮,将选定文本移动到剪贴板上;最后定位到移动文本的目标位置,选择"编辑"/"粘贴"(Ctrl+V)命令,或在目标位置单击鼠标右键,从快捷菜单中选择"粘贴"命令,或单击工具栏"粘贴"按钮,将剪贴板中的内容粘贴到目标位置。

注意:

使用 Windows 剪贴板复制文本,其操作与使用剪贴板移动文本类似,只是将所有的"剪切"操作更改为"复制"操作即可。

3. 使用 Office "剪贴板"任务窗格

Office XP 提供了 Office 剪贴板,它与 Windows 系统剪贴板的最大区别在于可视化和大容量,它以"剪贴板"任务窗格的形式出现，最多可以存放最近24项内容。使用Office剪贴板可以在Office系列产品之间进行移动和复制。

使用Office剪贴板进行移动和复制的操作步骤如下：

（1）选择"编辑"／"Office剪贴板"命令，或按组合键Ctrl+C两次，打开"剪贴板"任务窗格（见图5—11）。

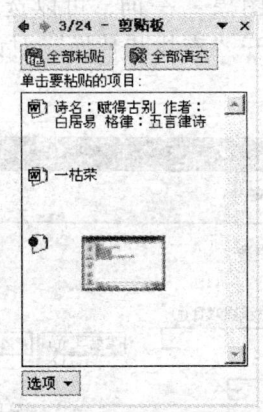

图5—11 "剪贴板"任务窗格

（2）用前面介绍的方法进行剪切和复制，将需要移动或复制的内容保存到剪贴板中，Office剪贴板最多可以存放24次最近剪切或复制的内容。

（3）将光标定位到需要插入的位置，在"剪贴板"任务窗格中用鼠标指向需要插入的内容，单击该内容右侧的下拉按钮，在下拉菜单中选择"粘贴"命令，即可将所选内容粘贴到文档光标处。如果选择"删除"命令可将剪贴板上该项内容删除，为新的内容腾出空间。

注意：
重复上述步骤，可以向文档的不同位置插入剪贴板中的内容。

单击"剪贴板"上部"全部粘贴"按钮，可将剪贴板内容全部插入目标位置；单击"全部清空"按钮可以清空剪贴板。单击标题栏右侧的"关闭"按钮，可以关闭"剪贴板"。

四、查找、替换

1. 查找

在当前文档中查找一个文本或词语，可以使用查找命令。例如要在文档中查找"图象"一词，可以选择"编辑"/"查找（Ctrl+F）"命令，打开"查找和替换"对话框"查找"选项卡（见图5—12）。

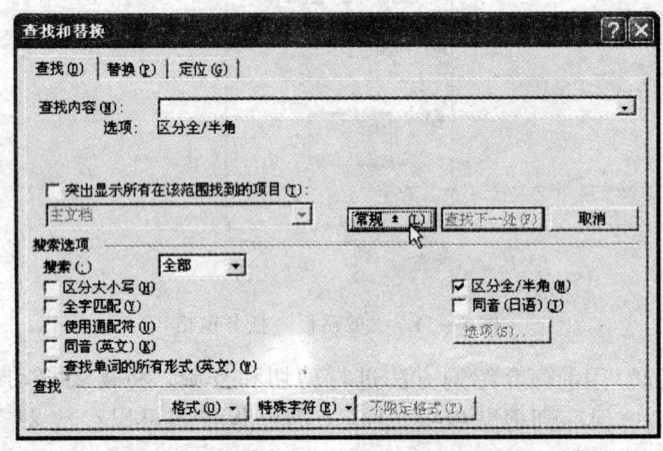

图5—12 "查找和替换"对话框"查找"选项卡

在"查找内容"文本框中输入需要查找的内容（这里输入"图象"），单击"高级"按钮，在"搜索选项"选项区选中需要的复选框，单击"查找下一处"按钮，进行查找。查找到一处，便定位等待用户选择。如果不是所需内容，单击"查找下一处"按钮，继续进行查找，直至查找结束。

2. 替换

在编辑文档时需要成批改正一些错误，可以使用"替换"命令。例如，将文档中的某些（不是全部）"图象"改为"图像",可以选择"编辑"/"替换(Ctrl+H)"命令,打开"查找和替换"对话框"替换"选项卡(见图5—13)。

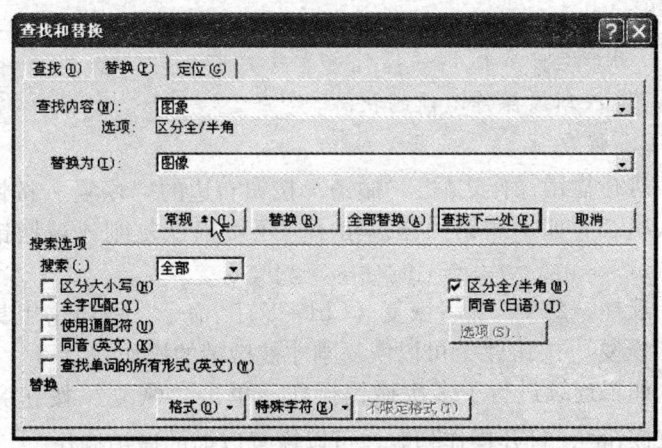

图5—13 "查找和替换"对话框"替换"选项卡

在"查找内容"文本框中输入"图象",在"替换为"文本框中输入"图像",单击"高级"按钮,在"搜索选项"选项区选中需要的复选框,单击"查找下一处"按钮,进行查找。每找到一个"图象",便定位并等待用户选择,如果需要替换便单击"替换"按钮,如果不要替换便单击"查找下一处"按钮,继续进行查找,直至查找结束。

五、撤销、恢复与重复

1. 撤销

在进行键入、删除、移动、复制、改写等操作时,Word 2002会自动记录下最近的击键和执行过的命令。所以,如果不小心误删了一大段文本,也不要惊慌,可以使用 Word 2002 的"撤销"命令,撤销刚才的操作,将误删的内容恢复回来。

选择"编辑"/"撤销(Ctrl+Z)"命令,或单击"常用"工具栏上的"撤销"按钮 一次,可以撤销最近一次操作。

注意：

单击"撤销"按钮旁边的下拉按钮，打开撤销操作列表，可以看到用户最近所进行的操作，都按操作顺序记录在此。用户选中要撤销的操作并单击鼠标，即可撤销选中的操作，进入到该操作以前的状态。

2．恢复

进行撤销操作之后，"撤销"按钮右边的"恢复"按钮变为可用状态。如果撤销操作搞错了，还可以恢复刚才被撤销的操作。

选择"编辑"/"恢复（Ctrl+Y）"命令，或单击工具栏上的"恢复"按钮，可以恢复刚才被撤销的操作。

如果连续进行了多次撤销操作，单击"恢复"按钮旁边的下拉按钮，打开操作列表，可以恢复以前的撤销操作。

3．重复

重复操作与恢复操作类似，它用于重复最近一次进行的操作。选择"编辑"/"重复（Ctrl+Y）"命令，或按F4键，可以重复刚才进行的操作。

模块四　格式设置

学习目标：

1．掌握"格式"工具栏的使用
2．掌握"字体"对话框的使用
3．掌握"段落"对话框的使用

Word 文档的格式设置包括字符格式、段落格式设置。

一、设置字符格式

字符格式化就是设置字符格式，如字体、字形、字号、颜色和各种特殊效果。设置字符格式主要使用"格式"工具栏和"字体"对话框。前者可以对字符进行常用格式设置,后者可以对字符进行全面的格式设置,并实现一些工具栏中没有的功能。用户键入新的字符时,如不改变设置,将沿用插入点前一字符的格式。

1. 使用"格式"工具栏

Word 的"格式"工具栏用于对文档进行常用格式设置(见图 5—14)。

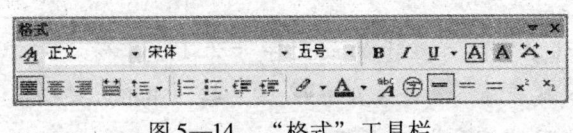

图 5—14 "格式"工具栏

(1)设置字体。Word 中默认的汉字字体是宋体,英文字体为 Times New Roman(新罗马)。利用"字体"列表框可以很方便地选择所需要的字体。首先选定需要设置字体的文字,然后单击"字体"列表框右边的下拉按钮,打开"字体"下拉列表(见图 5—15a)。在字体列表框中单击所需要的字体即可。在列表中有些字体前面有双 T 标记,表示该字体是 True Type 字体即真实字体,它的显示效果与实际打印效果一致。

图 5—15 "字体"下拉列表和"字号"列表

(2) 设置字号。在 Word 中，默认的字号是五号字。利用"字号"列表框可为所选的文本设置字号。首先选定需要设置字体的文字，单击"字号"列表框右边的下拉按钮，打开下拉列表（见图5—15b）。在字号列表框中单击所需要的字号即可。从列表可以看到，字号有两种表示方法：一种是中国制式的字号（从最小的八号到最大的初号）；一种是英制的磅值（Point，从最小的 5 磅到最大的 72 磅）。

注意：

Word 中实际可显示的最大字号为 1 638 磅。英寸、磅和毫米的换算关系是：1 英寸 =72 磅 =25.4 mm。

2. 使用"字体"对话框

使用"字体"对话框可以对文字字体进行全面细致的设置。选择"格式"/"字体"命令，打开"字体"对话框，该对话框有 3 个选项卡，分别对字体、字符间距和文字效果进行设置。

(1) 设置字体。打开"字体"选项卡，可以对字体进行全面的设置（见图5—16a）。除了提供和工具栏上相应按钮的功能之外，还提供了"着重号"和"效果"等功能。使用"着重号"功能可以在所选文字下面加着重号。在"效果"选项区，提供了多个复选框，例如删除线、上标、下标、空心、阴文、阳文、阴影等，对应不同的静态效果。用户可以选中一个或多个复选框，以加强显示效果。在"预览"框中显示所选设置的显示效果。如果满意，单击"确定"按钮即可。

(2) 设置字符间距。打开"字符间距"选项卡，可以对字符间距进行设置（见图5—16b）。设置字符缩放比，可以从"缩放"下拉列表中选择一个缩放比，也可以在缩放文本框中输入 1~600 之间的一个百分比。设置字符间距，有标准、加框和紧缩 3 个选项，默认为标准间距。选择加宽或紧缩间距时，需在"磅值"文本框中输入加宽或紧缩的磅数。设置字符位置，有标准、提升和降低 3 个选项，默认为标准位置。选择提升或降低间距时，需在"磅值"文本框中输入提升或降低的磅数。

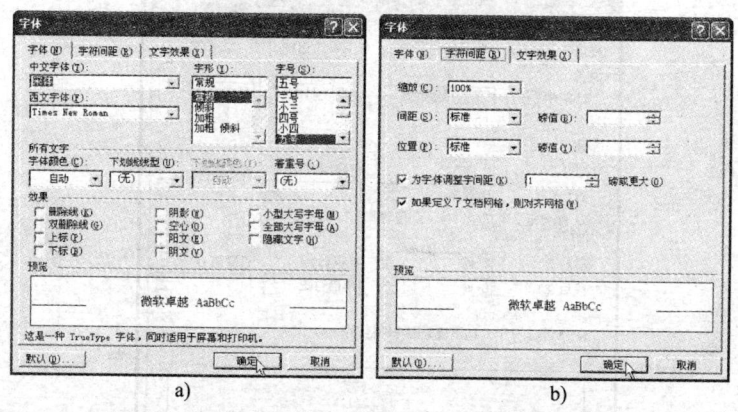

图 5—16 "字体"选项卡和"字符间距"选项卡

二、设置段落格式

相邻两个段落之间的内容，包括这部分内容后面的那个段落标记，就是一个段落。设置段落格式称为段落格式化，就是在一个段落所在页面范围内，对该段内容的总体外观进行调整。这种调整也可以包括对段落中字符的格式化。

在一个段落的结尾按 Enter 键开始一个新的段落，新段落将沿用上一段落的所有段落格式设置，以及上一段落结尾字符的所有字符格式设置。当然，用户也可以改变设置。

注意：
　　一个段落的段落标记将控制所在段落的格式设置。删除一个段落标记，将上一段落合并到下一段落中，并采用下一段落的格式设置。

设置段落格式主要使用"格式"工具栏和"段落"对话框。选择"格式"/"段落"命令，或在段落内单击鼠标右键，在弹出的快捷菜单中选择"段落"命令，都可以打开"段落"对话框（见图5—17）。

· 147 ·

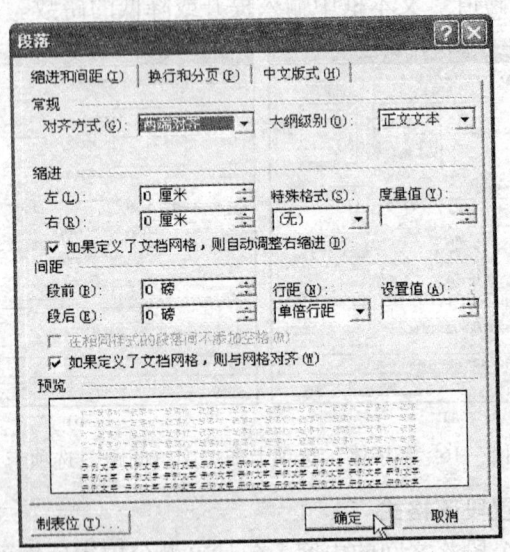

图 5—17 "段落"对话框

1. 设置段落对齐方式

将插入点移到需要设置段落对齐方式的段内任意位置(该段落称为当前段落),单击"格式"工具栏的"两端对齐"按钮■、"居中"按钮■、"右对齐"按钮■和"分散对齐"按钮■,可以将该段设置为两端对齐、居中、右对齐和分散对齐 4 种对齐方式。打开"段落"对话框的"缩进和间距"选项卡,在"常规"选项区单击"对齐方式"下拉按钮,可以设置 5 种对齐方式(增加了"左对齐"方式)。

2. 设置行间距

将插入点移到需要设置段落行间距的段内任意位置,单击工具栏"行距"按钮■右侧的下拉按钮,可以选择设置"1.0,1.5,2.0,2.5,3.0"倍行距。打开"段落"对话框的"缩进和间距"选项卡,在"间距"选项区单击"行距"下拉按钮,可以选择设置"单倍行距"、"1.5倍行距"、"2倍行距"。如果选择了"最小值""固定值"或"多倍行距",需要在"设置值"数值框中输入数值,然后按"确定"按钮进行设置。在"间距"选项区还可以设置"段前"间距和"段后"间距。

3. 设置段落缩进

段落缩进是指文本正文与页边距之间的距离。段落缩进包括4种缩进方式:"左缩进"、"右缩进"、"首行缩进"和"悬挂缩进"("悬挂缩进"是指相对于首行的段落以下各行的缩进量)。

注意:

为文档中当前段落设置缩进格式,可以使用"格式"工具栏、键盘、"段落"对话框和水平标尺。

(1)使用"格式"工具栏设置缩进。将插入点移到需要设置缩进的段落中,用鼠标单击"增加缩进量"按钮或"减少缩进量"按钮,Word会为该段落自动增加或减少一个制表位宽度的缩进量。

(2)使用Tab键设置缩进。要使段落首行缩进,将插入点移到首行前;要使整个段落缩进,将插入点移到除首行外任意一行前。然后按Tab键,Word会为该段落自动增加一个制表位宽度的缩进量。

如果要取消缩进,可在移动插入点之前按Backspace键。

(3)使用"段落"对话框设置缩进。打开"段落"对话框,单击"缩进和间距"选项卡(见图5—17)。在"缩进"选项区可以设置"左缩进""右缩进""首行缩进"和"悬挂缩进"。单击左缩进下拉列表,设置左缩进量;单击右缩进下拉列表,设置右缩进量;单击"特殊格式"下拉列表,选择"首行缩进"或"悬挂缩进"时,需要在"度量值"数值框中输入缩进值。然后按"确定"按钮为当前段落设置缩进。"段落"对话框可以进行精确设置。

(4)使用水平标尺设置缩进。Word 2002的水平标尺上有4

个标记，分别为"首行缩进""左缩进""悬挂缩进"和"右缩进"标记（见图5—18）。

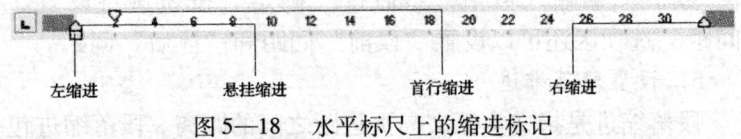

图5—18 水平标尺上的缩进标记

将插入点移到所需段落，如果要设置段落中首行缩进，可用鼠标拖动"首行缩进"标记至所需位置；如果要设置除首行外其他各行的左缩进，可拖动"悬挂缩进"标记至所需位置；如果要设置整个段落的左缩进，可拖动"左缩进"标记至所需位置；如果要设置右缩进，可拖动"右缩进"标记至所需位置。

模块五 页面版式设计

学习目标：
1. 掌握页面设置的操作
2. 掌握为文档添加页眉和页脚的操作方法
3. 掌握文档分栏的方法

Word的页面版式设计包括页面设置、页码、页眉、页脚的设置、边框和底纹的设置，以及分栏排版等方面的内容。

一、页面设置

在Word中，选择"文件"/"页面设置"命令，打开"页面设置"对话框（见图5—19）。使用"页面设置"对话框，可以对页面的页边距、纸型、纸张来源、版式和文档网格进行设置。该设置不仅对文档的布局和外观起到决定性作用，也决定了文档的打印效果。

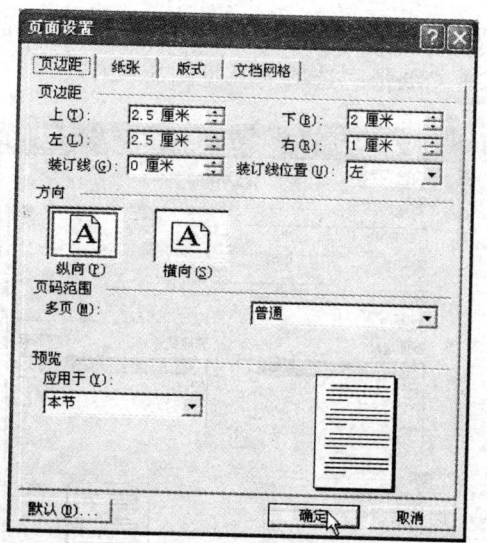

图 5—19 "页面设置"对话框"页边距"选项卡

1. 页边距

在"页面设置"对话框中,选择"页边距"选项卡(见图 5—19)。利用页边距选项卡,可以精确设置页边距等有关内容。

(1) 设置页边距。页边距是指正文与页面边缘之间的距离,页眉、页脚和页码就在页边距中。在"页边距"选项区中有"上""下""左""右"4 个页边距数值框,在这些数值框中输入数值,可以设置上、下、左、右页边距。对于需要装订线的文档,还需要指定装订线位置和装订线边距。装订线边距不包括在页边距中。

(2) 设置页面方向。可以选择"纵向"或"横向"。单击"确定"按钮并退出对话框。

注意:

设置完成后,在预览框中可以看到设置效果。

2. 纸型及纸张来源

纸型指纸张大小,纸张来源指纸张位于打印机的位置。用户应根据文档要求和打印机的情况进行设置。在"页面设置"对话框中,选择"纸张"选项卡(见图5—20)。

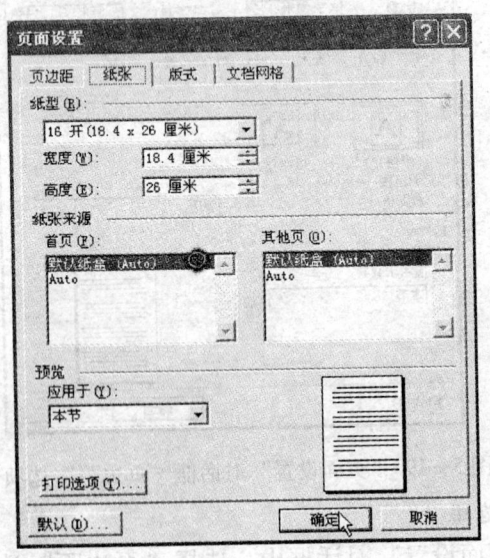

图5—20 "页面设置"对话框"纸张"选项卡

(1)纸型选择。在"纸型"下拉列表中,根据文档需要选择一种纸型,例如选择A4和16开纸等常用的纸型。

(2)选择纸张来源。在纸张来源列表框中指定纸张在打印机中的位置,一般选择"默认纸盒(自动选择)"。

(3)打印选项。如果要设置打印选项,可单击"打印选项"按钮,在"打印"对话框中进行设置。

二、页眉和页脚

页眉和页脚通常位于文档每页的上页边距和下页边距中。Word可以自动调节上下页边距以适应页眉和页脚中的内容。页眉和页脚的内容包括文档名、作者名、章节号、日期、页码,甚至图形(例如公司标志)及版权信息等。

选择"视图"/"页眉和页脚"命令,文档自动切换到页眉和页脚编辑状态，同时打开"页眉和页脚"工具栏（见图5—21）。图中"页眉"下面的虚线框中所示区域即为页眉区域，用户可以在此区域创建页眉。

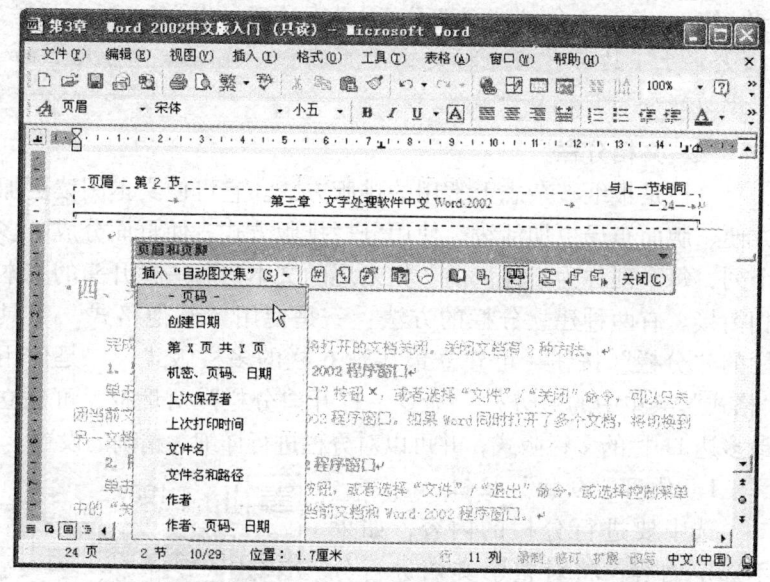

图5—21 "页眉和页脚"工具栏

将插入点移到页眉或页脚需要插入文字或图形的位置，输入文字或图形，或者单击"页眉和页脚"工具栏上的按钮，来输入自动图文集、页码、页数、日期和时间等内容。

如果在"页面设置"对话框的"版式"选项卡中选中了"奇偶页不同"或"首页不同"复选框，可以单击"显示前一项"或"显示下一项"按钮，在首页或奇偶页输入不同的页眉或页脚。如果文档分成了多个节，可以用这两个按钮设置前一节或下一节的页眉或页脚。

用户可以对页眉和页脚的文字或图形设置格式、字体、字号等。

注意：
　　页眉区和页脚区的大小会随用户在其中键入的内容自动调整大小。用户也可以手动调整，方法是将光标定位于页眉中，拖动垂直标尺上的"上边距"和"下边距"标记，手动调整页眉区上下边界。将光标定位于页脚中，拖动垂直标尺上的"上边距"标记调整页脚宽度。

三、文档分栏

　　分栏是报纸、杂志上常用的排版方式。它可使文本阅读更加方便、版面布局更加活泼。使用分栏排版方式，使页面分成了多个列，每个列称为一栏。前一栏末尾的文本与后一栏开头的文本相衔接。有两种建立分栏的方法：一是使用"其他格式"工具栏的"分栏"按钮，可建立最多达6栏的多栏版式；二是使用"格式"菜单中的"分栏"命令，打开"分栏"对话框，可建立最多达11栏的多栏版式，并可以对分栏进行详细、精确的设置。

1. 使用"分栏"按钮

　　选中要进行分栏的内容，如果不选定内容，将对整个文档进行分栏。然后单击"常用"工具栏中的"分栏"按钮，并拖动鼠标显示所需的分栏数（例如3栏，见图5—22）。然后松开鼠标，Word即对所选对象进行分栏。

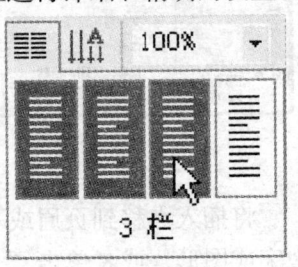

图5—22　使用"分栏"按钮进行分栏

注意：
　　首先选中要分栏的对象，如果不选定任何内容，将对整个文档或插入点之后的内容进行分栏。

2. 使用"分栏"对话框

　　使用"分栏"对话框，可以对文档全面精确地设置分栏。选择"格式"/"分栏"命令，打开"分栏"对话框（见图5—23）。

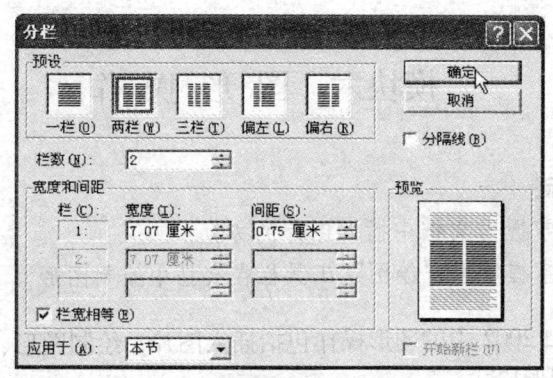

图5—23 "分栏"对话框

如果分栏数不大于3,可在"预设"选项区选择分栏方案,有一栏、两栏、三栏、偏左、偏右几种方案可选。选择"一栏"将恢复单栏。如果分栏数大于3,可在栏数数值框中键入或选定栏数,最大值为11。预览区显示当前节的分栏情况。

在"宽度和间距"选项区中,如果选中"栏宽相等"复选框,则各栏宽度相等,间距也相同。如果清除"栏宽相等"复选框,则可以调节各栏的宽度和间距。

选中"分隔线"复选框,可以在各栏之间添加竖线分隔线。

在"应用于"下拉列表中,用户可以根据需要选择分栏的应用范围,可选项有"整篇文档""所选文字"或"插入点之后"等。如果选择"插入点之后"时,把光标位置作为新栏的开始位置,应选中"开始新栏"复选框。

最后单击"确定"按钮进行分栏。如果是对所选段落或部分文本进行分栏,Word将会自动在所选段落或部分文本前后分别添加一个连续型的分节符。如果选择在"插入点之后"进行分栏,也会在插入点处自动添加一个连续型的分节符。

模块六 图形操作

学习目标:

1. 掌握向文档中插入图片的方法
2. 掌握使用"绘图"工具栏在文档中绘制图形

Word 2002 中的图形操作包括插入图片、绘制图形、编辑图形和设置图形格式。

一、插入图片

Word 2002 的图文混排功能很强,可以插入多种格式的图片。

1. 插入剪贴画

将插入点移到需要插入剪贴画的位置,然后选择"插入"/"图片"/"剪贴画"命令,打开"插入剪贴画"任务窗格(见图5—24a)。单击"多媒体文件类型"下拉按钮,从中选中"剪贴画"类型,在"搜索文字"文本框中输入"动画",然后单击"搜索"按钮,出现搜索"结果"(见图5—24b)。在剪

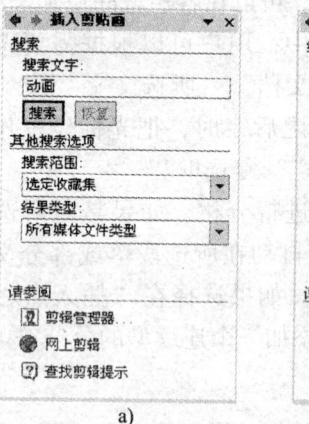 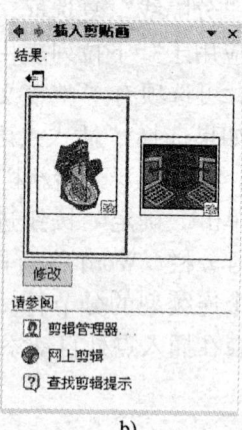

a)   b)

图5—24 "插入剪贴画"任务窗格和搜索到的剪贴画列表

贴画列表中选择一幅图片并单击,即可将此图片插入到文档中的光标处。

> **注意:**
> 如果要搜索更多的图片,可以单击"请参阅"选项区的"剪辑管理器"超级链接,打开"收藏夹 Microsoft 剪辑管理器"窗口,查找到所需图片,并将其复制到当前文档中。

2. 从文件中插入

如果需要在文档中插入来自某个图片文件,首先将插入点定位到需要插入图片的地方,然后选择"插入"/"图片"/"来自文件"命令,打开"插入图片"对话框(见图5—25)。单击"查找范围"下拉按钮定位到图片所在的文件夹,选择所需要的图片,单击"插入"按钮或双击该图片即可。

图5—25 "插入图片"对话框

二、绘制图形

使用 Word 提供的"绘图"工具栏,可以直接在文档中绘制图形。选择"视图"/"工具栏"/"绘图"命令,打开"绘图"工具栏(见图5—26),使用它所提供的绘图工具进行绘图。

图5—26 "绘图"工具栏

将鼠标指向某个工具按钮，就会显示该工具的名称和功能。有下拉按钮▼的工具，单击下拉按钮▼，可以选择更多的功能。

在"绘图"工具栏上单击"直线""箭头""矩形""椭圆"或"文本框"时，系统在文档光标处插入一幅绘图画布，用户可以在画布上绘制多个图形。用户在画布上单击选择一个绘图的起始点（或称插入点）绘制图形。对于直线和箭头，起始点就是直线和箭头的起点，对于矩形是指它的一个角，对于椭圆是指包围所画椭圆的矩形的一个角。按下鼠标左键拖动即可画出图形，直至释放鼠标。每点击工具一次，可画一个图形。

注意：

按住 Shift 键画直线时，可以约束直线偏移水平方向在15°的整数倍范围之内。按住 Shift 键画矩形或椭圆时，可以画出正方形或正圆。按住 Ctrl 键绘制图形时，可以指定"起始点"作为所画图形的中心位置。

用户可以单击"自选图形"按钮选择其他绘图工具添加自选图形（见图5—27a）。如果单击鼠标左键将插入一个默认大小的图形，拖动鼠标可插入自定义大小的图形。按住 Shift 键拖动鼠标将保持图形的长宽比。绘图示例见图5—27b。

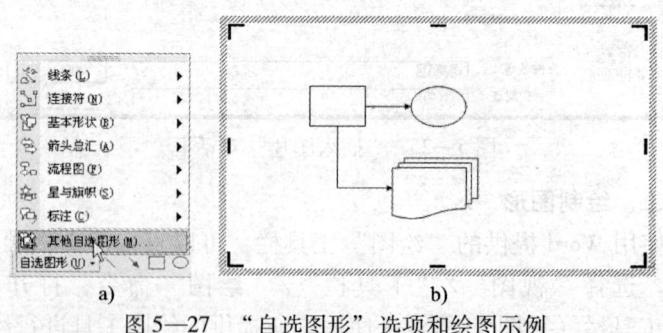

图5—27 "自选图形"选项和绘图示例

图5—27右外围的虚框表示绘图画布,它边上有8个控制点,拖动它可以改变画布大小。画布上可以绘制多个图形,移动画布时所有图形一起移动,而不改变相对位置。

注意:
也可以直接在文档中绘制图形,而不使用绘图画布。操作方法相似,只需将起始点选择在文档中,不要选择在画布中即可。绘制单个图形时,直接在文档中绘制比较方便。

三、编辑图形

1. 图形对象的删除、移动和复制

插入文档中的图形对象,无论是剪贴画、图片,或绘制的图形,都可以用鼠标单击的方法来选中该对象。

选中图形对象后,可以像删除文本一样,按 Delete 键将其删除。也可以用鼠标拖动图形,将其通过拖放的方式,移动或复制到新的位置。

在图形对象上单击鼠标右键,将显示弹出菜单,其中有针对图形对象的操作列表。

注意:
选中图片后,图片四周将显示8个控制点,移动鼠标到这8个控制点上,鼠标指针将变为双向箭头形状,按下鼠标左键后拖动,可以向相应的方向放大或缩小图片。

2. 图形对象的属性设置

选中图形对象后,Word 窗口中默认会显示"图片"工具栏(见图5—28a)。通过"图片"工具栏中的按钮,可以对图形进行属性设置。

单击"图片"工具栏中的"图片属性"按钮,将显示"图片属性"对话框(见图5—28b)。通过其中选项卡,可以对图片属性进行设置,如设置图片的大小、图片与文字的绕排方式等。

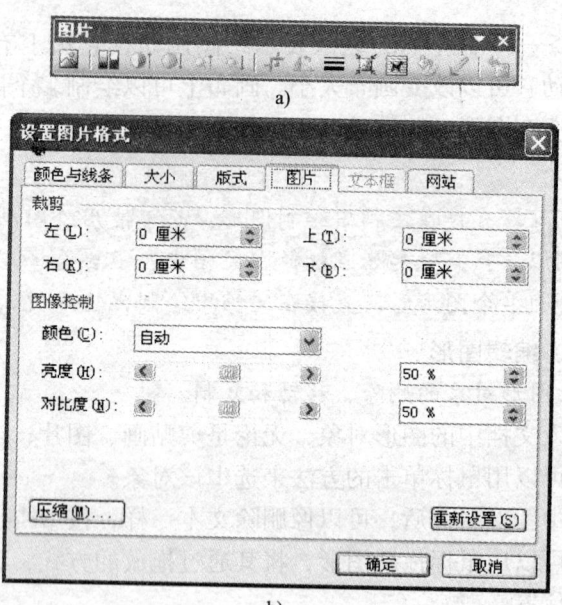

图5—28 "图片"工具栏和"图片属性"对话框

模块七 插入对象

学习目标：

1. 掌握在文档中插入文本框的方法
2. 掌握在文档中插入并编辑艺术字的方法

插入对象包括插入图片、文本框、艺术字、公式、图表等，这里只介绍插入文本框和艺术字。

一、文本框

1. 插入文本框

选择"插入"/"文本框"命令，或单击"绘图"工具栏中的"文本框"按钮，在插入点处单击或拖动鼠标，即可插入文本框。文本框有"横排"和"竖排"两种，前者可以输入横排文本，后者可输入竖排文本。文本框创建以后，可以在其中插入文本并进行编辑和排版，设置字符和段落格式，与普通文档的操作完全一样。两种文本框的示例见图5—29。

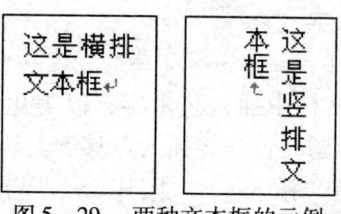

图5—29 两种文本框的示例

注意：
　　用户可以调整文本框的位置和大小，跟移动图片的位置和改变图片大小的方法相同。

2．文本框的格式设置

在 Word 中是把文本框作为图形对象来处理的，因此可以为文本框设置边框与填充颜色、版式、阴影与三维效果等。首先选定文本框（上例横排文本框），选择"格式"/"文本框"命令，打开"设置文本框格式"对话框。在"颜色与线条"选项卡（见图5—30a）中，设置填充颜色为黄色，拖动透明度滑块选择一个透明度，选择线条颜色为蓝色，粗细为2磅。

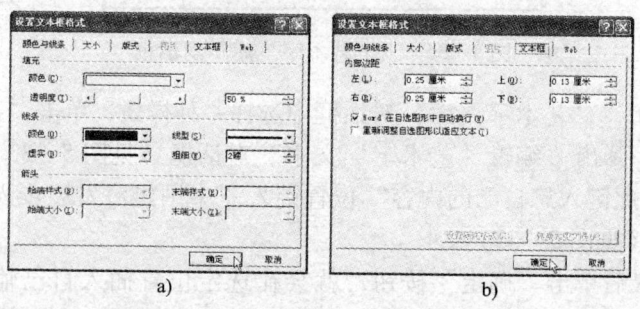

图5—30 "设置文本框格式"对话框

在"设置文本框格式"对话框的"文本框"选项卡中(见图5—30b),可以设置"内部边距",以调整内部文本与文本框边线的距离。再对文本框内的文本进行字符和段落格式的设置。

二、插入艺术字

1. 插入艺术字

Word可以在文档中插入艺术字,以美化文档。要为一段文本加一个艺术字标题,首先将插入点移到文档中需要插入艺术字的位置,然后选择"插入"/"图片"/"艺术字"命令,或单击"绘图"工具栏上的"插入艺术字"按钮,打开"'艺术字'库"对话框(见图5—31)。

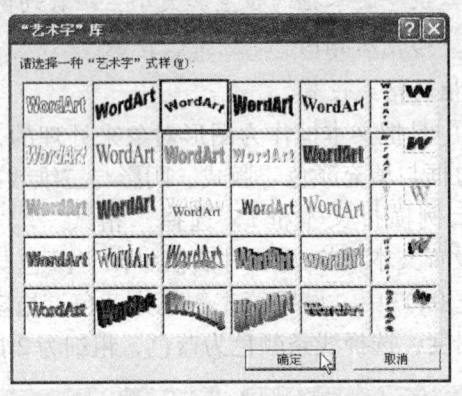

图5—31 "'艺术字'库"对话框

在"'艺术字'库"对话框中选择一种样式,单击"确定"按钮,弹出"编辑'艺术字'文字"对话框(见图5—32)。在"请在此键入您自己的内容"位置键入"中国经济发展步入快速道!"(见图5—33)。

最后单击"确定"按钮,就会在选定位置插入自己输入的艺术字(见图5—34)。

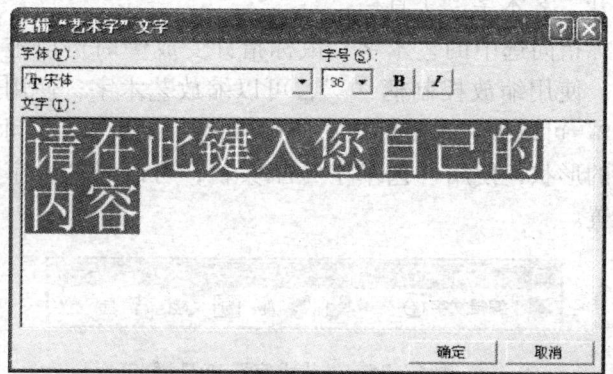

图 5—32 "编辑'艺术字'文字"对话框

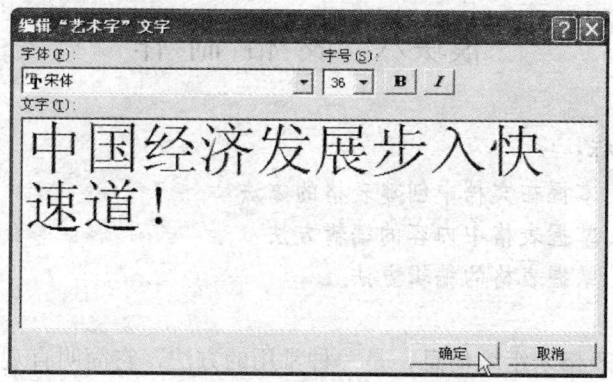

图 5—33 键入艺术字内容

中国经济发展步入快速道！

图 5—34 插入艺术字以后的效果

2. 艺术字的设置

插入艺术字的同时，或者用户选中艺术字时，系统自动打开"艺术字"工具栏（见图 5—35），使用其中的工具可以对艺术字进行设置。选择"视图"/"工具栏"/"艺术字"命令，也可以打开"艺术字"工具栏。

鼠标指向选中的艺术字,鼠标指针变成✥时可以拖动艺术字移动。使用缩放控制柄"○",可以缩放艺术字;使用旋转控制柄"●"可以使艺术字旋转;使用形状控制柄"◇",可以改变艺术字的形状;使用"艺术字"工具栏,可以对艺术字进行编辑和设置。

图5—35 "艺术字"工具栏

模块八 表 格 制 作

学习目标:
1. 掌握在文档中创建表格的方法
2. 掌握表格中内容的编辑方法
3. 掌握表格的编辑方法

用表格来组织信息,是一种常用的方法,它简明直观、结构严谨、信息丰富。Word 2002提供了强大的表格编排功能,用户可以轻松地建立和使用表格。

一、创建表格

创建表格的方法有3种。

1. 使用"插入表格"按钮

单击"常用"工具栏上的"插入表格"按钮,出现一个表格行数和列数的选择框,按住鼠标左键拖动鼠标到合适的行数和列数时(本例插入7行、5列的表),松开鼠标后,Word就会在文档的插入点处插入一个表格(见图5—36)。

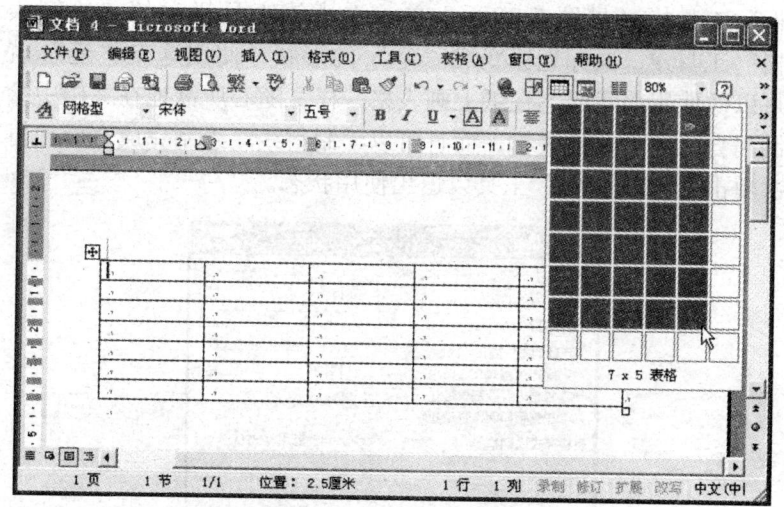

图 5—36　使用"插入表格"按钮创建表格

注意:
　　使用"插入表格"按钮创建表格的优点是方便快捷,缺点是创建的表格的行数和列数有一定限制。如果要创建行数和列数较多的表格时,需要使用"插入表格"对话框。

　2. 使用"插入表格"对话框

　　选择"表格"/"插入"/"表格"命令,打开"插入表格"对话框(见图5—37),在"行数"和"列数"数值框中输入要创建的表格的行数和列数,还可以在"自动调整"操作选项区设置表格的列宽,或者单击"自动套用格式"来选择一种表格的样式。然后单击"确定"按钮,Word将根据用户的设置创建表格。

　3. 使用"绘制表格"工具绘制表格

　　单击"常用"工具栏上的"表格和边框"按钮,或者选择"视图"/"工具栏"/"表格和边框"命令,打开"表格和边框"工具栏（见图5—38）。单击选中该工具栏上的"绘制表格"工具，鼠标光标变成"笔"的形状，使用这支"笔"就可以像使用普通铅笔在纸上画表格一样，随心所欲地在文档中绘制出自己所需要的表格，而且可以绘制斜线。绘制完成之后，再次单击"绘制表格"工具以退出使用状态。

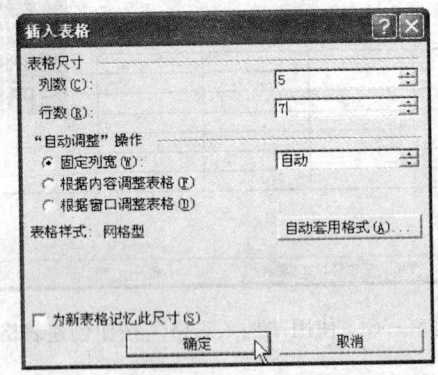

图5—37 "插入表格"对话框

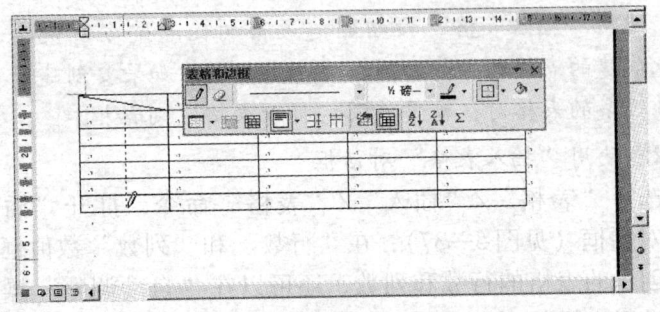

图5—38 使用"绘制表格"工具绘制表格

如果对绘制的某一条线不满意，可以单击"擦除"按钮，鼠标光标变成"橡皮"形状，用这块"橡皮"将不需要的线擦除即可。用"绘制表格"工具绘制表格时，如果按住 Shift 键，则光标也会变成"橡皮"形状用来擦除表格线。

二、编辑表格内容

1. 在表格中输入文本和图片

创建表格后,就可以向表格的单元格中输入文本或粘贴图片。在单元格中,文本的键入和编辑与在普通文档中的操作基本相同。用鼠标单击某一个单元格,将插入点置于该单元格中,即可键入文字。如果列宽不是根据内容调整,则当键入内容到达单元格的右边界时,再键入的内容将自动换到下一行并增加该行的行高。在键入文本时,如果按 Enter 键,Word 将在该单元格内开始一个新的段落。每个单元格中可以包含有多个段落。可用通常的方法对单元格中的文本进行编辑和格式化。

注意:

要把插入点移到另一单元格,可用鼠标在该单元格中单击,或使用方向键移动。在表格中,按 Tab 键光标将右移一个单元格,按 Shift + Tab 组合键光标将左移一个单元格,按 Ctrl + Tab 组合键产生一个制表位。

2. 表格的选定操作

表格的选定操作包括选定一个单元格、行、列或一个区域。

(1) 选定单元格。选定一个单元格有 3 种方法:一是将鼠标指向单元格左边内部,当鼠标指针变为向右上方向的黑色实心箭头时单击;二是在单元格内连续三次单击鼠标左键;三是将光标置于单元格内,选择"表格"/"选择"/"单元格"命令。选定的单元格呈反白显示。

要选择连续多个单元格,可将鼠标指向要选择的第一个单元格,按下左键拖动鼠标直至最后一个单元格。或将插入点置于第一个单元格,按住 Shift 键,同时按方向键直至最后一个单元格。用这两种方法还可以选定一个矩形区域。

(2) 选择行。选择一行有 3 种方法:一是将鼠标指向单元格左下角,当鼠标指针变为向右上方向的黑色实心箭头时双击鼠标左键;二是将鼠标移至该行左侧,当鼠标指针变为向右上方向的空心箭头时单击鼠标左键;三是将插入点置于该行任意一个单元格内,然后选择"表格"/"选择"/"行"命令。选定的行呈反白显示。

要选定连续多行时,将鼠标移至第一个要选定的行的左侧,当鼠标指针变成向右上方向的空心箭头时,按下鼠标左键拖动鼠标,拖到要选定的最后一行即可。

(3) 选择列。选择一列有两种方法:一是将鼠标移至该列上方,当鼠标指针变为向下方向的实心黑色箭头时单击鼠标左键;二是将插入点置于该列任意一个单元格内,然后选择"表格"/"选择"/"列"命令。选定的列呈反白显示。

要选定连续多列时,将鼠标移至第一个要选定的列的上方,当鼠标指针变成向下方向的黑色实心箭头时,按下鼠标左键拖动鼠标,拖到要选定的最后一列即可。

(4) 选定整个表格。选定整个表格有 3 种方法:一是直接单击表格左上方的"移动柄"田;二是按照选定矩形区域的方法选定整个表格;三是将插入点置于该表格任意一个单元格内,然后选择"表格"/"选择"/"表格"命令。

3. 移动、复制和清除单元格的内容

移动、复制和清除单元格内容的方法与普通文本的操作方法类似。可以使用"编辑"菜单的."剪切""复制"和"粘贴"命令,可以使用"常用"工具栏的"剪切""复制"和"粘贴"按钮,也可以直接使用鼠标拖动的方法。

在进行移动、复制和清除单元格的内容操作之前,首先要选定单元格区域。可以选定一个或多个单元格、一个矩形区域、一行或多行、一列或多列。

(1) 使用菜单命令移动或复制单元格内容。首先选定要移动或复制的单元格区域,再选择"编辑"菜单的"剪切"或"复制"命令,然后将插入点置于目标区域的左上角的单元格中(或选择一个同样形状和大小的区域),选择"编辑"菜单的

"粘贴"命令,将选定内容粘贴到目标区域并替换原来的内容。

> **注意:**
> 也可以使用鼠标右键单击单元格区域,从快捷菜单中选择相应命令完成移动或复制操作。

(2)使用鼠标拖动方法移动或复制单元格内容。先选定要移动或复制的单元格区域,然后将鼠标指向所选内容,按下鼠标左键拖动到目标区域的左上角的单元格中,即可将所选内容移动到目标区域;如果要将所选内容复制到目标区域,拖动时必须按住 Ctrl 键。

(3)清除单元格内容。首先选定要清除内容的单元格区域,然后选择"编辑"/"剪切"命令,或用鼠标右键单击该区域,从快捷菜单中选择"剪切"命令,或单击工具栏上的"剪切"按钮,或按 Delete 键,都可清除所选单元格区域中的内容。

三、设置单元格文本格式

设置单元格文本的格式,包括设置字符格式和设置段落格式,方法与设置普通文本的方法类似。

1. 设置单元格文本字符格式

单元格文本的字符格式,包括字体、字号、字体颜色、字形、下划线、文字效果等格式,可以先选中待设置格式的字符,然后使用"格式"工具栏的有关按钮进行设置,或选择"格式"/"字体"命令,打开"字体"对话框进行精确设置。

2. 设置单元格文本段落格式

单元格文本的段落格式,包括对齐方式、缩进、行间距、制表位、项目符号和编号等格式,可以先选中待设置格式的段落,然后使用"格式"工具栏的有关按钮进行设置,或选择"格式"/"段落"命令,打开"段落"对话框进行精确设置。例如,单元格内容水平方向的对齐方式,可以用有关按钮或"段落"对话框设置为"两端对齐""居中"和"右对齐"等方式。

如果要设置单元格内容的垂直对齐方式,首先选定需要设置对齐方式的单元格区域,然后单击"常用"工具栏上的"表格和边框"按钮,打开"表格和边框"工具栏,再单击对齐方式工具的下拉按钮,在下拉列表中有9种对齐方式选项(见图5—39)。

用鼠标指向某个按钮,就会显示该按钮的名称和功能,单击需要设置的对齐方式即可。另外,用鼠标右键单击单元格,从快捷菜单中选择"单元格对齐方式",也会弹出9种对齐方式选项,供用户选择。

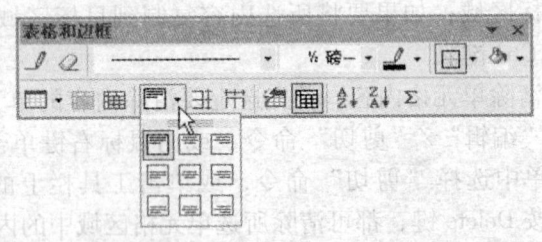

图5—39 设置单元格的对齐方式

四、表格的编辑

表格的编辑包括缩放表格,改变行高和列宽,插入单元格、行或列,删除单元格、行或列,合并或拆分单元格等。

1. 表格的移动、缩放和删除

表格创建成功之后,可以像处理图形对象一样,直接用鼠标进行移动和缩放。首先在表格中单击鼠标,在表格的左上角会出现一个"移动柄",在表格的右下角会出现一个"缩放柄"。

用鼠标指向"移动柄",鼠标指针变成+字箭头时,按下鼠标左键拖动,即可将表格移动到任意位置。用鼠标指向"移动柄",鼠标指针变成斜向双箭头时,按下鼠标左键拖动,可以缩放表格。

> **注意:**
> 在表格中单击鼠标,然后选择菜单中的"表格"/"删除"/"表格"命令,可以删除整个表格。

2. 改变行高和列宽

(1) 使用鼠标改变行高和列宽。将鼠标指向需要改变行高的行线，当鼠标指针变成上下方向的双向箭头时，按下鼠标左键上下拖动鼠标，改变该行行高到合适高度时，松开鼠标。

将鼠标指向需要改变列宽的列线，当鼠标指针变成水平方向的双向箭头时，按下鼠标左键左右拖动鼠标，改变该列列宽到合适宽度时，松开鼠标。

(2) 使用"表格属性"对话框。选中需要改变行高或列宽的行或列或所在的单元格，选择"表格"/"表格属性"命令，打开"表格属性"对话框（见图5—40）。要设置行高，选择"行"选项卡，选中"指定高度"复选框并在数值框中输入所要求的行高，还可以单击"上一行"和"下一行"按钮，设置"上一行"和"下一行"的行高。如果要设置列宽，可选择"列"选项卡，用类似的方法进行设置。如果选择"表格"选项卡，还可以对表格的宽度、对齐方式和文字环绕等进行设置。如果选择"单元格"选项卡，可以对单元格的宽度和垂直对齐方式进行设置。

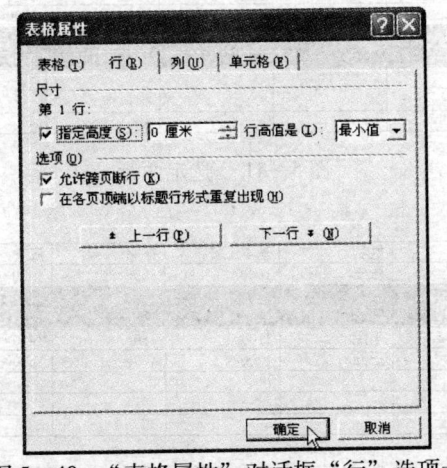

图5—40 "表格属性"对话框"行"选项卡

注意：

选中需要改变行高或列宽的行或列，或所在的单元格，单击鼠标右键，从快捷菜单中选择“表格属性”命令，也能打开“表格属性”对话框。

3．行、列和单元格的插入和删除

（1）行的插入和删除。如果要在某行下面插入一行，可将插入点置于该行最后一列之后，按 Enter 键即可在该行之后插入一个空行。如果要在某行之前插入若干行（本例在“工资表”李四之前插入 2 行），可先选定该行（李四）及以下的若干行（选定的行数必须等于要插入的行数，本例一共为 2 行，见图 5—41），然后选择“表格”/“插入”/“行（在上方）”命令，执行结果在所选 2 行之前插入了 2 个空行（见图 5—42）。如果选择“表格”/“插入”/“行（在下方）”命令，执行结果在所选两行之后插入了 2 个空行。使用此方法可以在任意位置插入任意行。

职工号	姓名	基本工资	补贴	应发
600152	张三	1000	300	1300
600154	李四	1100	350	1450
600158	王五	1200	400	1600

图 5—41　选定两行

职工号	姓名	基本工资	补贴	应发
600152	张三	1000	300	1300
600154	李四	1100	350	1450
600158	王五	1200	400	1600

图 5—42　在所选两行之前插入两行

如果要删除刚才插入的两个空行,可以先选定2行,然后选择"表格"/"删除"/"行"命令即可删除所选的行。注意"删除"和"清除"的含义不同,操作方法也不一样。如果选定某些行之后,按 Delete 键或选择"编辑"/"剪切"命令或单击"剪切"按钮,只清除所选行中的文本内容,而不能删除所在的行。

(2) 列的插入和删除。列的插入和删除的操作方法,与行的插入和删除的操作方法类似。

在某一列之后插入一列,可以选择该列,然后选择"表格"/"插入"/"列(在右侧)"命令即可。如果要在某列的左侧插入若干列(例如2列),可先选定该列及右侧的若干列(选定的列数必须等于要插入的列数,本例一共为2列),然后选择"表格"/"插入"/"列(在左侧)"命令,执行结果在所选2列左侧插入了2个空列。如果选择"表格"/"插入"/"列(在右侧)"命令,执行结果在所选两列右侧插入了2个空列。使用此方法可以在任意位置插入任意列。

如果要删除刚才插入的两个空列,可以先选定2列,然后选择"表格"/"删除"/"列"命令即可。

(3) 单元格的插入和删除。如果要在某个单元格之前插入一个单元格,可以先选定此单元格,然后选择"表格"/"插入"/"单元格"命令,打开"插入单元格"对话框(见图5—43a)。

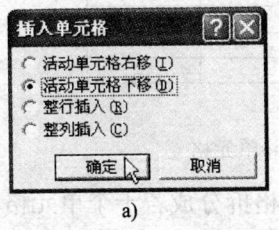 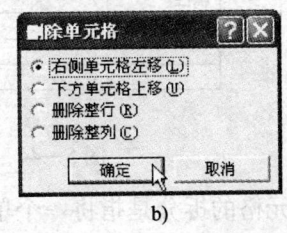

a)　　　　　　　　　　b)

图5—43 "插入单元格"对话框和"删除单元格"对话框

选择"活动单元格右移"单选项,然后单击"确定"按钮,即可在所选单元格之前插入一个空单元格。如果选择"活动单元格下移"单选按钮,则在所选单元格之上插入一个空单元格。选择"整行插入"或"整列插入"单选项,则在所选单元格之上或之左插入一个空行或空列。

如果要删除某个单元格,可以先选定此单元格,然后选择菜单中"表格"/"删除"/"单元格"命令,打开"删除单元格"对话框(见图5—43b)。

用户可以根据情况选择"右侧单元格左移"或"下方单元格上移"单选按钮,最后单击"确定"按钮即可。

4. 单元格和表格的合并和拆分

(1) 单元格的合并和拆分。单元格的合并是指将若干个相邻的单元格合并为一个单元格。操作方法如下:

首先选定要合并的若干个单元格,然后选择"表格/合并单元格"命令,即可将选定的若干个单元格合并为一个大的单元格(见图5—44)。

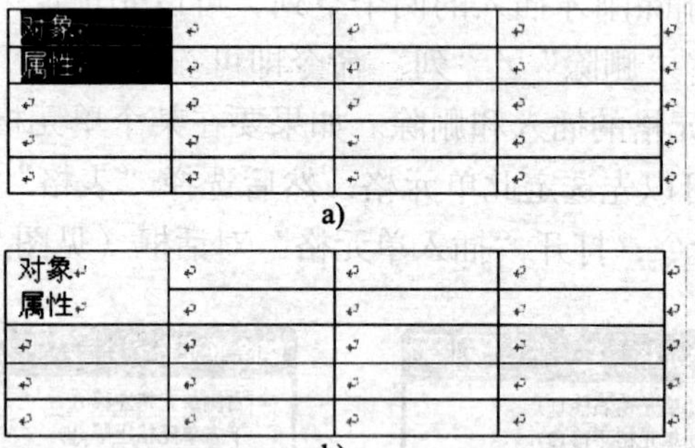

图5—44 合并单元格

单元格的拆分是指将一个单元格拆分成若干个单元格。操作方法如下:

首先选定要拆分的单元格,然后选择"表格/拆分单元格"

命令，弹出"拆分单元格"对话框（见图5—45a）。在"列数"和"行数"数值框中分别输入拆分后的列数和行数，单击"确定"按钮，即可将所选的一个单元格拆分为几个单元格。例如，所选单元格见图5—44a，拆分的行数和列数见图5—45a，则拆分后的结果见图5—45b。

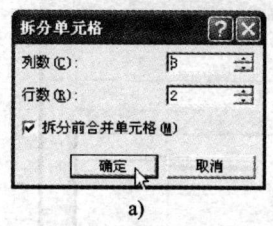

对象	属性				

a)　　　　　　　　　　　b)

图5—45　拆分单元格

（2）表格的合并和拆分。将插入点移到表格的拆分位置任一单元格中，选择"表格"／"拆分表格"命令，就将原表格在插入点所在行拆分为上下两个表格；删除两个表格之间的段落标记，即可将两个表格合二为一。

模块九　文档的预览和打印

学习目标：

1. 了解打印预览的作用
2. 掌握打印文档的方法

一、打印预览

文档输入、编辑、排版完毕，就可以打印了。

注意：

　　打印之前需要先进行打印预览，通过预览文档的打印效果，可以决定是否正式打印，或者对文档的版面格式进行调整。

选择"文件"/"打印预览"命令,或者单击"常用"工具栏上的"打印预览"按钮,进入打印预览视图(见图5—46)。在打印预览视图窗口中,可以显示多页内容,也可以只显示一页内容,由"打印预览"工具栏上的按钮来设定。

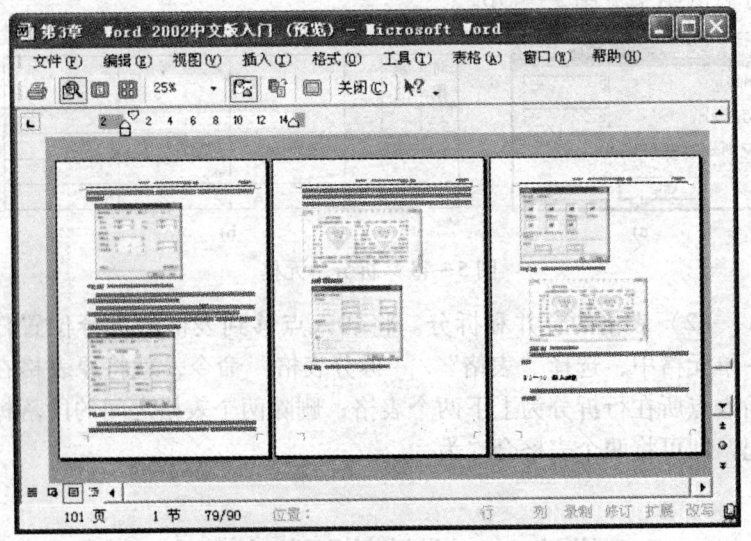

图5—46 "打印预览"视图

二、打印

1. 使用默认打印机

要将文档由打印机打印输出,首先必须安装所用打印机的驱动程序。一台计算机上可以安装多种型号的打印驱动程序,这时需要选择其中一种型号的打印机为默认打印机。

打印文档的最简单的方法是单击"常用"工具栏上的"打印"按钮,此时当前文档将送默认打印机打印输出。这种方法将对当前文档的全部内容进行打印,只打印一份。

在通常情况下,Word 会以后台方式打印文档,此时任务栏上会出现一个后台打印图标。在后台打印方式下,用户可以在打印的同时继续处理其他工作。

2. 使用"打印"对话框

选择"文件"/"打印"命令，或按快捷键 Ctrl + P，打开"打印"对话框（见图 5—47）。使用"打印"对话框，可以进行打印操作的有关设置。

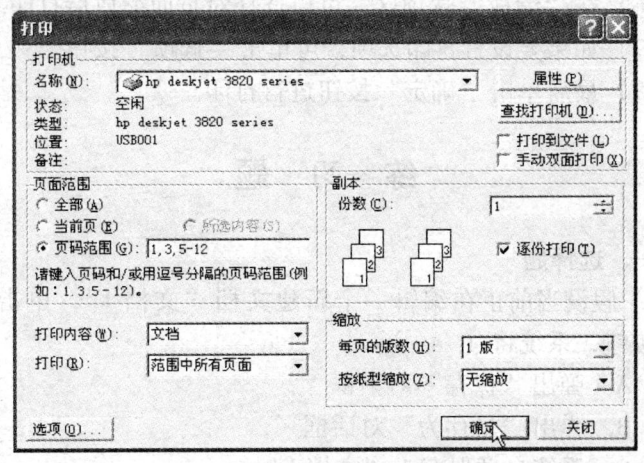

图 5—47 "打印"对话框

（1）选择打印机。在"打印机"选项区的"名称"列表框中显示的是默认打印机。如果不使用默认打印机，可单击下拉按钮，从下拉列表中选择一种打印机。

（2）打印到文件。在"打印机"选项区，如果选中"打印到文件"复选框，则文档打印效果输出到扩展名为 .PRN 的文件中，以便以后在安装有该打印机的计算机上打印。

（3）选择页面范围。在"页面范围"选项区选择"全部"打印全部文档；选择"当前页"只打印当前页；选择"页面范围"单选按钮，可在页面范围文本框中输入所需要打印的页面范围，格式为 1，3，5—12 表示打印第 1 页、第 3 页和第 5～12 页。

（4）确定打印份数。在"副本"选项区的"份数"数值框中输入需要打印的份数，默认只打印一份。选中"逐份打印"复选框，将进行逐份打印。

（5）在"打印"下拉列表中选择打印范围中的所有页面、奇数页或偶数页。

（6）在"缩放"选项区，可以选择对页面缩放后打印。

（7）如果要设置打印选项，可单击"选项"按钮。

（8）最后单击"确定"按钮进行打印。

练 习 题

一、选择题

1. 假设当前正在编辑一个新建文档"文档1"，单击"保存"按钮，系统将（　　）。

　　A. 弹出"保存"对话框
　　B. 弹出"另存为"对话框
　　C. 系统自动保存为"文档1"
　　D. 不能保存该文档

2. 如果打开了一个已有文档，编辑后选择"文件"菜单中的"保存"命令时，该文档将（　　）。

　　A. 被保存在原文件夹下
　　B. 可以保存在其他文件夹下
　　C. 可以保存在新建文件夹下
　　D. 保存后文档被关闭

3. 在"文件"菜单底部列出的文件名表示（　　）。

　　A. 该文件正在打印
　　B. 当前被打开的文件
　　C. 所有扩展名为.doc的文件
　　D. Word最近使用过的文件

4. 在编辑区录入文字,当前录入的文字显示在（　　）。

　　A. 鼠标指针位置

　　B. 插入点

　　C. 文件尾部

　　D. 当前行尾部

5. 在 Word 窗口的状态栏上的"改写"指示器处于灰色状态时,表示此时是（　　）。

　　A. 改写状态

　　B. 插入状态

　　C. 键入的文字将覆盖原有文字

　　D. 不能插入文字和空行

6. 选择"编辑"菜单的"粘贴"命令后,将（　　）。

　　A. 被选定的内容移到插入点处

　　B. 剪贴板中的内容移动到插入点

　　C. 被选定的内容移到剪贴板

　　D. 剪贴板中的内容复制到插入点

7. 删除一个段落标记后,前后两个段落合并成一个新段落,则新段落采用（　　）。

　　A. 原前一段落的格式

　　B. 原后一段落的格式

　　C. 合并前的格式不变

　　D. 未定格式

8. 将表格中两个单元格合并成一个单元格后,原来单元格的内容（　　）。

　　A. 变成一行

　　B. 变成两行

　　C. 全部丢失

　　D. 只保留第一行的内容

9. 默认情况下,在 Word 表格中选定一行,如果选择"编辑"菜单中的"剪切"命令，则（　　）。

    A. 清除该行内容，变成空行

    B. 删除该行，表格减少一行

    C. 该行各单元格的内容改为 0

    D. 拆分成两个表格

10. 下列操作中，不能在 Word 文档中插入图片的操作是（　　）。

    A. 执行"插入"菜单中的"图片"命令

    B. 执行"插入"菜单中的"文件"命令

    C. 执行"插入"菜单中的"对象"命令

    D. 使用剪贴板粘贴其他文件中的图形

二、简答题

1. 在 Word 中编辑文档时，包括哪些编辑操作？如何进行这些操作？

2. 在 Word 中如何进行字符格式设置？如何进行段落格式设置？各包括哪些内容？

3. 在 Word 中如何进行文档页面设置？如何进行页眉和页脚设置？

4. 在 Word 中如何进行分栏排版？

5. 在 Word 文档中插入表格有哪几种方法？

6. 如何在表格中插入或删除一个单元格？删除单元格和清除单元格有何不同？

7. 在 Word 中表格的单元格格式化包括哪些内容？如何设置单元格内容的对齐方式？

8. 如何使用"表格属性"对话框设置表格属性？

9. 可以在 Word 文档中插入哪些对象？如何插入图片、文本框、艺术字？

10. 如何设置"打印"对话框？

三、操作题

1. 在 Word 中给自己的朋友或家人写一封信。要求：设置文字的大小、字体，对段落的对齐方式、段落间距、缩进等属性进行设置。完成后，进行页面设置，打印在 B5 纸上。

2. 制作一份周末活动的海报。要求：制作精美，图文并茂，字体变化，使用艺术字和图片来美化文档。

3. 制作一张课程表。要求：清楚地列出一周的课程，为表头设置不同的字体和字号，上午和下午的课程之间要用不同的线型来分隔，表边框用粗线。并为课程表加上表题。

4. 在网络上复制一篇有图有文的文章，将其粘贴在创建的 Word 文档中，对其进行编辑，设置字体和段落，设置图片属性，使之成为一篇工整、美观的文档。